図解 眠れなくなるほど面白い

ハンター生物の話

今泉忠明 監修

日本文芸社

はじめに

テレビなどの動物番組で、ライオンやチーターが獲物を捕らえて、食べているシーンを見たことがあると思います。華麗に狩りをする肉食動物の姿は迫力がありカッコイイですが、食べられてしまう獲物は可哀想でもあり、捕食する姿は一見残酷なように見えることでしょう。

しかし、すべての生物はエネルギーが必要で、食べなければ生きていくことができません。そのため、生物は食べたり食べられたりする関係で複雑に絡み合っているのです。例えば、草などの植物を食べるウサギはイタチなどに食べられ、そのイタチはキツネに食べられ、キツネはトラなどの肉食動物に食べられます。こうした関係を「食物連鎖」と呼び、この図式は複雑に絡み合いながら生態系ができています。

そして、食う側のハンターは、厳しい自然界で生き残るためにさまざまな狩りの技を発達させてきました。スピードやパワーなどの能力を発達させた生物や、毒や武器、道具などを生み出し身体的機能を高めた生物、チームワークで助け合いながら狩りをする生物など、あらゆる能力を進化させてきたのです。

本書は、生物たちの驚くべき狩りのテクニックを、生物たちの生息地域である陸・空・海・川に分類しまとめました。また、ハンターたちがどのように獲物を捕らえるのか、イラストでわかりやすく解説します。パワフルで賢く、ときには地味で卑怯でユニークなハンターたちが魅せる狩りの世界をご覧ください。

今泉忠明

もくじ

第2章 空の生物

第3章 海の生物

第4章

川の生物

ライオン

オスは見張り役でメスだけで獲物をしとめる

ライオンは、ネコ科の動物としては珍しく、プライドと呼ばれる群れで暮らします。プライドはオス1～3頭、メス1～5頭とその子どもからなり、狩りも群れで行います。ライオンが狙うのは、アフリカスイギュウやヌー、シマウマやキリンなどの大型草食動物。**チームで結束して獲物を狙い、自分より体が大きい獲物を倒します。**

ライオンは瞬間最高時速80㎞ほどで走ることができ、動物の中でもかなりの俊足ですが、一方で持久力はないため、できるだけ獲物に近づき、一気にしとめる必要があります。オスは体が大きくてメスより足が遅く、テリトリーを守るという別の役割もあるため、狩りの中心的な役割は主にメスが果たします。その捕獲作戦は独特で、まず獲物を見つけるとメスの1頭が標的を目がけて一気に走り出します。当然獲物は一目散に逃げますが、逃げた先には別のメスライオンが待ち構え、別の方向に踵を返すとまた別のメスが現れます。このようにして獲物を囲い込み、最終的にはその**鋭い牙で喉元や首に噛みつき、獲物の息の根を止めるのです。**

ここまではほとんどメスの仕事で、オスの活躍の場はありません。しかし、オスはメスがしとめてくれた獲物を食べるだけの〝ヒモ〟ではなく、先に食事を済ますと群れを見張るという立派な役目があります。ハゲワシやハイエナなど、他の動物に獲物を横取りされないよう、**メスや子どもたちが食事をしている間、オスが警護をします。**一般にライオンが狩りをするのは夕方や早朝だけで、実働時間は1日2時間程度。1日の大半をダラダラ過ごし、狩りのためのエネルギーを温存しているのです。

狩りはメスが行い
群れで襲いかかる
メスの1頭が獲物をおさえ、別の仲間が首に噛みついて息の根を止める。後ろにいる若いライオンたちは狩りの様子を見て学習する。

ヌーの群れの襲い方

ヌーの群れに向かい1頭が突然走り出し、最初に追いつかれたものか、待ち伏せしていたところへ追い込まれたものが餌食となる。

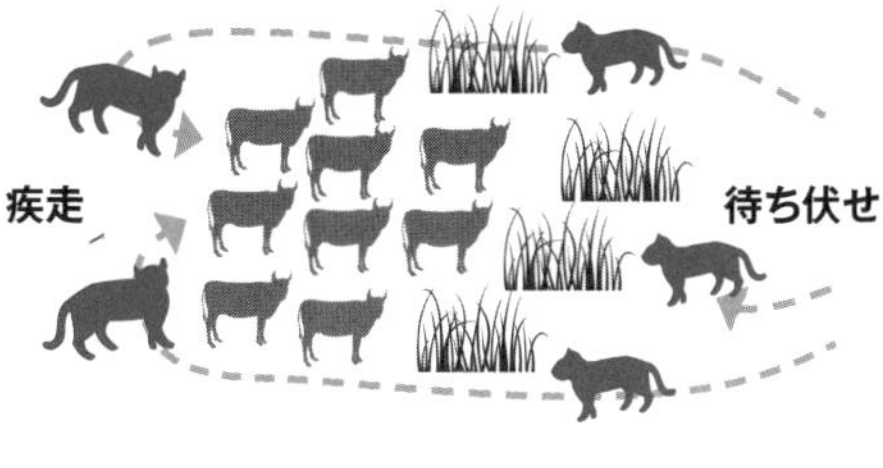
疾走
待ち伏せ

チーター

サバンナを駆け抜ける最速のスプリンター

チーターは言わずと知れた世界最速の陸上動物。**最高速度は時速１００km**を超え、サラブレッドの時速77kmと比べても段違いのスピードです。人間を襲うことはほぼなく、かつてはインドなどで狩猟用として飼育されていました。

チーターの狩りはほとんどが単独で行われます。**木の上や草むらに身を潜めて獲物を探し、標的を見つけるやいなやはじかれたように疾走。**わずか3秒で時速70kmに達します。獲物は方向転換を繰り返して追っ手を逃れようとしますが、チーターは長い尾でバランスを取りながらくらいついていきます。最後は相手の反撃を食らわないように喉元に5～10分噛みついて窒息させます。そしてしとめた獲物はすぐに食べることはせず、呼吸を整えてからが食事になります。

チーターの速さの秘密は、そのしなやかな肢体にあります。脚や腰にはしっかりと筋肉がつき、**背をバネのように伸縮させて疾走します。**また、**頭は小さく、体は流線形。**空気抵抗を最小限にできる体形も速さの秘密です。さらには、ネコ科の動物としては例外的に、チーターはつねに爪が出ています。この爪が地面を噛むスパイクの役目を果たし、いっそうのスピードを生むのです。

チーターの狩りはわずか20秒程度で決着がつきます。追いかける距離も１７０～５００m程度と長くはありません。チーターはトップスピードで走れる時間が短く、それ以上獲物を追うことができないのです。獲物にかわされて狩りに時間がかかると捕獲をあきらめてしまうことも多く、**狩りの成功率は50％程度とあまり高くありません。**世界最速のスプリンターの最大の弱点は持久力というわけです。

静かにしのび寄り
一気に走り出す!

体を草陰に隠しながら獲物にしのび寄り、一気に走り出して襲いかかる。そのスピードは時速100kmを超え、走り出してからおよそ500m以内で狩りの成否が決まる。

チーターの一跳びは7m！

チーターが速く走ることができる理由に、歩幅が大きいという点がある。チーターは後ろ脚で地面を蹴り、背骨をバネにして体全体を伸ばし、前脚をついて後ろ脚を前脚と交差させるように前に出す。そして後ろ脚で地面を蹴り跳ぶようして走り、一跳びの歩幅は7mに達するほどの脚力がある。

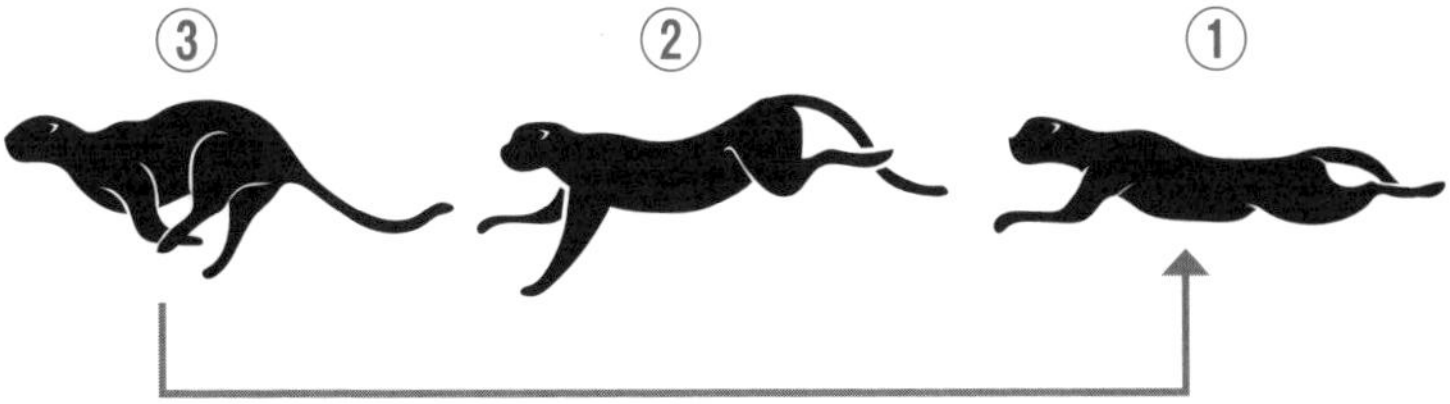

ホッキョクグマ

待ち伏せが得意な地上最大の肉食動物

フワフワの白い毛におおわれた大きな体をユッサユッサと揺らしながら歩く姿が愛嬌たっぷりで、動物園でも大人気のホッキョクグマ。しかし、そのイメージとは裏腹に、**クマ科の中では珍しく肉食を好む、地上最大のハンター**です。

極寒の地に棲むホッキョクグマのターゲットは、アザラシやイルカ。時にはセイウチやクジラなどの大型海獣を食べることもあります。最も、セイウチやイルカはホッキョクグマより体が大きいこともあり、めったなことでは狩りが成功しません。特にセイウチは長くて鋭い牙があり、返り討ちにあうことさえあります。そのため、これらの大型海獣は狩りをして食べることより死肉を食べることのほうが多く、死んだクジラが氷原に打ち上げられるとホッキョクグマにとってはラッキーなご馳走となります。

ホッキョクグマが獲物をとる方法はいくつかあります。その中でもユニークなのが待ち伏せ大作戦。アザラシは氷の下を泳ぎながら、息継ぎのための呼吸孔から時折顔を出します。**ホッキョクグマはそのそばの氷上でじっと待ち、獲物が穴から顔を出した瞬間に鉤型の鋭い爪で一撃**。氷上に獲物を放り投げて捕獲します。時には数日間もじっと待つこともあり、驚くほどの忍耐力の持ち主と言えます。

ホッキョクグマは陸上動物の中で最も嗅覚が優れたものの一つで、**30㎞も離れた場所にいる獲物のにおいをかぎ分ける能力があると言われます**。泳ぎも得意で、海中にもぐって獲物を追うこともあり、氷上でも海中でも自在に狩りができる能力を備えています。厳しい自然の中で餌を得る能力を神様が与えてくれたのかもしれません。

**獲物が顔を出した瞬間
襲いかかる!**
氷の穴のそばで待ち伏せ、アザラシが呼吸をするため顔を出したところをしとめる。前足で獲物をつかみ、引きずり出す。

温暖化で狩りの時間が奪われている

温暖化により北極圏の氷が解けだす時期が早まると、ホッキョクグマたちの狩りをする期間が短くなり、十分な獲物を捕れないという問題が起きている。解け始めが1週間早まるとクマの体重は10kgも減少すると言われ、赤ちゃんは母親から十分な母乳を得られず育たないという状況が続いているのだ。21世紀中頃には個体数が現在の3分の1にまで減少する可能性があるという。

04

リカオン

抜群のチームプレイで高確率で獲物をしとめる

リカオンはアフリカのサバンナに生息するイヌの仲間で、パックと呼ばれる群れで暮らしています。パックはそれぞれ数頭のオスとメス、その子どもたちからなり、平均すると10頭前後ですが、中には50頭以上の大所帯もあります。**オスとメスには役割的な違いはあまりなく、狩りも子育ても協同で行います。**いわばイクメン&キャリアウーマンの共働き世帯といったところです。

リカオンの狩りは、まず群れの仲間で獲物を取り囲むようにして追い込みます。そして、鋭く突った牙で獲物の尾や口に噛みつき、動きを封じ込めてしとめます。同じように群れで狩りをするライオンの狩りが成功率約30%に対し、**リカオンは約80%と、百獣の王より高い成功率を誇ります。**足も早く、時速約50㎞で走り、文字通り狙った獲物は逃がしません。しかも、相手が自分たちよりはるかに大きい動物だとしてもひるむことなく襲いかかります。リカオンの皮膚は丈夫で、かなり鋭い牙でも深い傷を負うことは少ないため、怖いもの知らずだと言われています。

リカオンは獲物の多い場所を求めて放浪するという特徴もあります。獲物が多い場所にとどまることもありますが、**ベースキャンプを拠点に獲物を探して1日50㎞ほど移動することもあります。**リカオンは体温が上がっても水分を使わずに体温を下げる仕組みを備えているため、水分補給をせずに長距離移動することが可能なのです。子どもたちは子守り役の成獣とベースキャンプに残り、遠く離れた場所でしとめた場合は、親たちが食べた肉をベースキャンプに戻ってから吐き戻して見張り役や子どもたちに与えます。見た目はコワモテですが、ファミリーはとても仲良しなのです。

チームプレイで
高確率で獲物をしとめる

狩りは群れの仲間と協力して行い、1頭が獲物の尾や口に噛みついて動きを止め、その後に何頭もが飛びかかりしとめる。リカオンは新鮮な肉を好み、獲物がまだ死なないうちから食べ始め、骨ごと噛み砕いてきれいに平らげてしまう。

ヒョウ

絶妙のカモフラージュで敵の目をくらます

ヒョウは主に夜行性で、単独で狩りをします。背の高い草むらの中に身を隠して獲物にそっとしのび寄り、喉元に噛みついてしとめます。ヒョウの体表には、バラのような形をした「ロゼット（バラ飾り）」と呼ばれる独特の斑点模様があります。**この模様は、草むらに隠れる時のカモフラージュにとても役立ちます。**獲物はヒョウが至近距離に近づくまで気付かず、気付いたときには万事休す。弓のように曲がった長い爪と鋭い犬歯で瞬時に殺されてしまいます。

ヒョウ柄は今も洋服やバッグなどの模様として人気ですが、その魅力ゆえ、かつては毛皮をとることを目的として狩猟されることも多く、ヒョウは絶滅の危機に瀕してしまいました。自らの狩りに役立つ模様が、逆に人間による狩猟の対象となってしまったとは何とも皮肉です。ちなみに、急に態度が変わることを「豹変」と言いますが、これはヒョウの体毛が生えかわると、一気に鮮やかな模様が出てくることに由来しているそうです。今ではあまりいい意味で使われることのない言葉ですが、もともとは「よくないことを素早く改める」という意味の言葉です。

ヒョウは木登りも得意です。長い尾でバランスを取りながら、かなりの高木にも登ることができます。**捕らえた獲物は木の上へ運び、そこでゆっくり時間をかけて食べます。**ヒョウの脚や首の筋肉はたくましく、自分より大きな獲物を運ぶこともできます。木の上で食事をするのは、ライオンやハイエナなど他の動物に狙われないためと言われていますが、食事以外の時間も木の上で過ごすことがあります。ヒョウにとって木の上は、安息できるリビングダイニングなのでしょう。

木の上で待ち伏せし上から飛びかかる

ヒョウは陸上だけではなく、木の上で身を潜め、その下を通る獲物に飛びかかりしとめることもある。アゴの力が強く獲物を木の上まで引っ張り上げ、ゆっくりと食事をする。

トラ

獲物は追いかけずに背後から襲いかかる

トラは、ネコ科の動物の中で最も体が大きいとされる動物です。頭蓋骨も大きく、上アゴと下アゴに2本ずつ長い牙があります。**噛む力は約300kgにも及び、体重700kgのアジアスイギュウをくわえて引きずって運んだ**という記録もあるほどです。

トラは背の高い草むらや熱帯林の中で暮らしています。**体表のシマ模様は茂みに紛れるのに適していて、獲物に気付かれにくいというメリット**があります。またジャンプ力もあり、筋肉のついたたくましい後ろ脚で地面を蹴り、10m近くもジャンプして獲物を捕らえ、鋭い爪と牙でしとめます。

トラはオスもメスも狩りをします。メスは、子どもとともに暮らし、オスは繁殖期を除いてほとんど単独で暮らしています。オスもメスも糞尿や爪跡で縄張りを広げて行動しますが、オスのほうが行動範囲は広く、1日に10～20km移動することもあります。メスは体が小さいこともあって、行動範囲はそれほど広くありません。

「虎視眈々」といった言葉もあるように、トラには強くて威厳のある動物としてのイメージがあります。しかし、**狩りの成功率は意外と低く、5％～10％程度。体が大きくて速く走れず、持久力もないため、獲物を追いかけるのは苦手なのです。**大きい獲物をとれないことが続くと、小鳥やカエルなどの小さな獲物でしのぐこともあります。人を襲って食べることもあり、インドには400人以上を食べたトラの記録も残っています。トラは亜種を含めるとアジアから東南アジアに分布していましたが、毛皮や剥製、漢方薬などにするための密猟などで絶滅の危機に瀕しています。今や弱者と言っていい動物なのかもしれません。

限界まで獲物に近づき後ろから襲いかかる!

トラはライオンのように獲物を追うことはなく、獲物の近くまでしのび寄り、ダッシュして獲物の後方から襲いかかる。引き倒して喉や鼻を噛み窒息死させたり、首の後ろ側を噛みつき神経を切断する。

ずば抜けたスタミナで獲物を追い続ける ブチハイエナ

ハイエナというと、死肉を漁ったり、他の動物から獲物を横取りしたりする、野蛮で狡猾なイメージがありますが、それはカッショクハイエナやシマハイエナで、ブチハイエナは、獲物の6割以上を自分たちで捕らえる優秀なハンターです。ハイエナ科の中で最も体が大きいブチハイエナのハンターとしての第一の資質は、**時速65㎞を超える俊足です。**また、**5㎞以上も獲物を追い続けるタフな体力もあります。**ブチハイエナは、10～15頭の「クラン」と呼ばれる血縁が集まって巣穴で共同生活をしています。体はメスのほうが大きく攻撃力も高いため、クランでの地位もメスのほうが高く、リーダーを務めるのはほとんどがメス。次期リーダーもリーダーのメスの子どもが受け継ぐことが多く、女性上位の女系家族と言えます。

狩りもクランで行います。狙うのはガゼルやヌー、シマウマなど。**獲物の群れを集団でつきまとい、弱っていたり、ケガをしたりしている1頭を見つけ出して襲います。**時には群れの中に乱入して、逃げ惑う獲物の中から狙いやすいターゲットを見つけるという高等戦術を使うこともあります。獲物を捕らえるとクランの仲間全員でむさぼるように食べます。食欲も旺盛で、1頭の大きなヌーを1晩で食べ尽くすこともあるほど。ブチハイエナは強靭なアゴを持ち、直径8㎝もあるキリンの骨をも噛み砕く力があります。骨ごとバリバリ噛み砕いて食べ尽くすか、食べ残した骨を巣穴の周辺に持ち帰り、獲物がとれないときにこれらの骨で飢えをしのぎます。ライオンの獲物を横取りすることもありますが、逆にライオンに取られることもあります。ブチハイエナは私たちが持つイメージとは違う一面を持っているのです。

群れをターゲットに狙った1頭を引き離す

ヌーなどの草食動物の群れを狙い、子どもなどしとめやすいものをチームプレイで引き離し襲いかかる。獲物が倒れると20頭ほどのハイエナが群がり食べ尽くす。

唯一の天敵はライオン

ブチハイエナはライオンの獲物を横取りすることもあるが、実際はライオンが横取りしていることのほうが多い。ライオンの狩りの成功率はブチハイエナより圧倒的に低いためだ。ハイエナは1対1ではライオンに敵わないため集団で対抗し、見つけると食べる目的もなくライオンの子どもを殺すことがあるという。

ヒグマ

屈強な肉体を持つ陸上の絶対王者

ヒグマはヨーロッパからアジアにかけてのユーラシア大陸と北アメリカ大陸に幅広く分布しています。クマ科では最も体が大きいものの一つで、オスは体長2・8m、体重は780kgにも及ぶものもいます。日本ではエゾヒグマが北海道にのみ生息し、陸上に棲む哺乳類の中で国内最大です。

ハンターとしてのヒグマは、川を遡上するサケを捕らえる姿を思い浮かべる人も多いでしょう。ヒグマは泳ぎも得意で水を怖がらないため、川の中に顔を突っ込んだり、サケが上ってくる滝の上流で待ちかまえたりしてサケをとります。捕まえるときは、長く鋭い爪で鮭を引っかけたり、両手でわしづかみにします。産卵のために秋に川に戻ってくるサケは、ヒグマにとっては冬眠前の大切な栄養源。効率よく栄養を得ようと、脂肪の多いサケの皮や卵だけを主に食べます。

ヒグマは、サケだけではなく、木の実や野草などの植物や哺乳動物も食べる雑食です。クマの中では比較的肉食を好む傾向があり、他の動物の獲物を奪って食べることもあります。ヒグマの大きな鼻は嗅覚が鋭く、土の中に潜んでいる昆虫や、遠くにいる獲物のにおいをかぎ分けることができます。また、長くて鋭い爪は土を掘り返したり、獲物を引っ掻いて攻撃したりするのに使われます。ヒグマの足の裏は人間と同じく平らなので後ろ脚の2本で立つこともでき、立った状態で屈強な腕からパンチを食らうと大きな動物でもひとたまりもありません。基本的には人を怖がりますが、恐怖心から人を襲い、その肉を食べることもあります。ヒグマは聴覚も優れていて大きな音を嫌がるため、ラジオや鈴を鳴らしながら歩くと熊よけになると言われています。

鋭い爪で
獲物をひっかける

秋になると産卵のため川を上る鮭を待ち伏せ、長くて鋭い爪でひっかけてしとめる。

意外と早いクマの走るスピード

ヒグマなどのクマは大きな体でゆっくり動いているようにみえるが、時速50〜60kmの速さ（人が100mを約7秒で走るスピード）で走る。そのため、ヒグマに遭遇し追いかけられた場合、逃げきることはまず不可能だ。クマは動いているものを追いかける習性があるため、絶対に走って逃げてはならない。

09

オコジョ

かわいい顔をして実は殺し屋⁉ 恐れ知らずの敏腕ハンター

イタチの仲間であるオコジョは、世界中の広範囲に生息し、日本にはホンドオコジョやエゾオコジョなどの亜種がいます。年2回毛が生え変わり、冬毛のときは真っ白なフワフワの毛に覆われています。クリッとしたつぶらな目もかわいらしく、イラストのキャラクターやマスコット人形のモチーフにもなっています。「山の妖精」「山の神様の使い」といった愛称もあり、写真集も出版されているほどの人気者ですが、その愛くるしい見た目とは裏腹に、じつはかなり激しい気性の持ち主で、そのギャップに驚かされます。

オコジョは単独で生活し、木の根や岩のすき間に巣を作ったり、時にはネズミの巣穴を横取りしたりして暮らしています。しかし、オコジョがこの巣穴にじっとしていることはほぼありません。よく言えばこまめに、悪く言えば落ち着きなく、ひっきりなしに動き回り、獲物が潜んでいそうな穴をのぞき込んだり、かと思うと長い後ろ脚で立ち上がって周りをキョロキョロと見回したり、とにかくせわしなく動き回って休むことなく獲物を探します。

オコジョの狩りも気性の荒さを感じさせます。ふつうに考えると自分より体が小さな獲物を狙いそうなものですが、オコジョは自分より大きなノウサギやライチョウなどにもひるむことなく果敢に攻撃を仕掛けます。方法も手荒く、獲物を見つけると、獲物の頭やあごの骨を噛み砕き、驚くほど強引にしとめます。身のこなしも俊敏で、アクロバティックな動きも自在に繰り出します。強靭な噛む力と高い身体能力を併せ持ち、メンタル面でも恐れ知らず。まさに心身ともに凄腕のハンターなのです。

俊敏な動きで
獲物に飛びかかる
岩場での狩りは、休むことなく動き回り、岩の隙間や巣穴に侵入しネズミなどを探す。獲物を見つけると鼻や喉を噛んで窒息死させたり、首を噛んだりしてしとめる。

激しいダンスで獲物を惑わす

オコジョは狩りのとき、体をひねってグルグルと激しく回転し、まるでダンスのような動きをするときがある。これは「ウィーズル・ウォーダンス」と呼ばれるイタチ科が行う行動で、「イタチの戦いの踊り」という意味をもつ。この動きをすることで獲物の気を引き、動きを止めたところで襲うのだ。

陸の生物ハンター

10

ハイイロオオカミ

しぶとくつけまわし執念深く追いかける

一般的にオオカミと言えばハイイロオオカミのことを指し、別名タイリクオオカミとも呼ばれます。オオカミの仲間は群れで行動し、通常、狩りは夕方から夜にかけて行われます。獲物を探して一晩中歩き回り、朝、巣穴に戻ってきます。また、ハイイロオオカミは嗅覚に優れ、数km離れた場所にいる獲物のにおいをかぎあてることができます。そして、そのにおいをたどりながら獲物を探し出すのです。

狩りは群れで行われ、リーダーを中心に、4～5頭が狩りの主軸を担います。移動距離は200kmに達することもあり、歩くスピードは時速8km程度で、それほど速くはありませんが、ひとたび獲物を見つけるや猛スピードで走り、最高時速は55～70kmにも達します。持久力もあり、トップスピードを保ったまま、約20分間にわたって走り続けることができるため、狙われた獲物がハイイロオオカミの追撃から逃れるのは至難の業です。必死で逃げ続ける獲物に疲れが見えてくると、ハイイロオオカミはその機を逃さず飛びかかり、尻や脇腹、肩に噛みついて動きを止め、首や鼻に噛みつき、トドメを刺します。

このように執念深く狩りをする一方で、獲物に弱っている部分がなく、少し追ってみて距離を縮めることが難しいと見るや、あまり深追いせずに狩りを中断します。ハイイロオオカミは賢く、確実に捕まえるため手に入れられる可能性が高くなければ時間や労力の無駄と言わんばかりに、早々に撤収を決断するのです。そのため、ハイイロオオカミの狩りの成功率は意外と低く10％程度です。数日間獲物にありつけないこともあるため、一度に大量の10kg近い肉を食べることもあります。

ひたすら追い続け チームプレイで獲物を狩る

獲物の痕跡を見つけると、においをたどりながら獲物を追跡する。1回の狩りで数10kmを歩き、獲物を発見すると追撃を開始。獲物の前に立ちふさがるものや、後ろを固めるもの、背後から襲うものと役割を分担しながら獲物を襲う。

チンパンジー

果物よりも肉が好物！　頭脳プレイで獲物をつかみとる

チンパンジーはバナナなどの果物を好んで食べるイメージがありますが、実は肉食傾向が強く、サルの仲間の中では最もよく狩りをします。チンパンジーは群れで暮らし、狩りも群れで行います。獲物を見つけると、獲物を追いかける者と待ちかまえる者の二手に分かれ、徐々に獲物を追い詰めていきます。**チンパンジーの握力は約２００kgもあり、その怪力で獲物を捕らえ、鋭い牙で獲物を噛みちぎって食べます。**獲った肉を群れの仲間で分け合うこともあり、特に母子間では分配がよく見られます。

一方で、チンパンジーは「子殺し」をすることでも知られます。子殺しはライオンなど他の動物にも見られますが、ライオンの場合は、オスが繁殖のため群れにいるオスの子を殺し、母親を発情させるという目的があります。しかし、チンパンジーの子殺しの目的は解明されておらず、**オスもメスも同じ群れの子供を殺し、しかもその殺した子供を食べてしまいます。**チンパンジーの狩りの対象も約8割が同じサルの仲間で、人間が襲われた例もあります。人懐っこい表情や愛嬌のあるしぐさで動物園の人気者ですが、じつは意外と気性が荒く、力も強いので危険な動物でもあるのです。

また、チンパンジーは簡単な言葉やじゃんけんなどのルールも理解でき、人間の4歳児並みの知能があると言われます。小枝を切って葉を落とし、シロアリの巣穴に差し込んでシロアリを釣って食べたり、木の葉を噛みつぶしてスポンジ状にし、穴に溜まった水を吸い取って飲んだりと、目的に合わせて道具を作れる高い知能も持っているのです。チンパンジーは、力も頭脳も高い能力を兼ね備えた優秀なハンターなのです。

木の上を自在に動き回り
獲物をつかみとる

追いかけるものと待ち伏せするものなど役割を分担し狩りを行う。自分よりも小型の動物を追いかけてつかみとり、鋭い牙で噛みつき、強い握力で引き裂いて食べる。

ラーテル

硬い皮膚と鋭い爪で敵なしのサバンナの最恐動物

ラーテルはイタチの仲間で、別名をミツアナグマと言います。**食に関して非常に貪欲でなんでもよく食べますが、中でもハチミツに目がありません。**ハチの巣を見つけると、ハチに刺されることも恐れず、蜜を舐め続けます。

ラーテルは、蜜を得るためにミツオシエなどの鳥類と共生関係にあるという説があります。ミツオシエは空を飛びながらハチの巣を見つけると、鳴き声でラーテルにそのありかを知らせようとします。ミツオシエについて行ったラーテルはハチの巣を壊して蜜を舐め、ミツオシエはおこぼれの蜜蝋にありつくのです。しかし、本当に共生関係にあるかどうかは定かではなく、はっきりとしたことは分かっていません。実際に、ラーテルがハチミツを舐めた後にミツオシエが蜜蝋を食べることはあるものの、それが互いに協力しようという意思に基づいた行動とは言い切れないようです。

ラーテルのハンターとしての**武器は、穴を掘るのに適した爪と鋭い牙です。**ミーアキャットやネズミの巣穴を掘ってこれらを捕食したり、牙でカメの甲羅を噛み割って食べたりします。ラーテルは気性が荒く、特に繁殖期になると、捕食こそしませんがライオンやアフリカスイギュウなどに攻撃をしかけることもあります。**ラーテルが強気でいられるのは、その強靭な皮膚のおかげです。皮膚はブヨブヨとしていて弾力があり、ライオンの牙やカギ爪でも引き裂くことができません。**さらには、危険を感じると臭腺から強烈な臭いを発して敵から逃れます。また、ヘビの神経毒に対しても強い耐性を持つため、コブラの毒牙をも恐れません。そのため、ギネスブックに「世界一怖い物知らずの動物」として登録されています。

ミツオシエという小鳥はラーテルの注意をひきつけハチの巣へと導き、ラーテルがハチミツを食べ終わるまで待機し、残骸をつまみ食いする。

頑丈な毛皮を持つ ハチミツハンター

ラーテルはハチミツが大好物で、ハチの巣を見つけると地面や木の幹を爪で破壊しミツをなめる。ラーテルの毛皮は頑丈なため、蜂の攻撃から身を守ることができるのだ。

アフリカニシキヘビ

どんな獲物も絞め殺すアフリカ最強のヘビ

アフリカニシキヘビはサハラ砂漠以南のアフリカに生息します。アフリカ最大のヘビで、大きなものだと7mを超えます。夕方や夜、明け方に活動することが多く、水辺を好み、泳ぎも得意です。サバンナの河川や湖、湿地などの近くにいることが多く、水辺に身を潜めて鼻と目だけ水面から出してじっとしています。**こうして獲物を待ち伏せし、水を飲みに来た動物にいきなり噛みつくのです。**アフリカニシキヘビの曲がった長い歯は毒こそありませんが、獲物に深い傷を負わせます。そして**全身筋肉に覆われた体で獲物に巻き付いて締め上げる**と、**大きな生き物でも身動きができなくなり**、やがて**心臓が止まります。**絞め殺した後はもう抵抗される心配がないので、ゆっくりと丸飲みします。アフリカニシキヘビはあごの関節がやわらかく、**大きく口を開ければ相当大きな動物でも楽々と飲み込むことができます。**そのため、アフリカニシキヘビの狩りは獲物の大小を問いません。インパラやヤマアラシ、ワニなど、自分より体の大きな獲物を捕食することもあります。一方で食後は無防備になるのか、大きい獲物を獲った直後に野生のイヌ類やハイエナ、ヒョウなどに襲われて食べられることもあります。また、何も食べずに長期間過ごすこともでき、2年以上絶食しても生きていたという記録もあります。

まれに人を襲うケースもあり、子どもが命を奪われる事故も起きています。日本では動物愛護法によって特定動物に指定され、ペットとして飼うには許可が必要ですが、獰猛で人にもなつかず、扱いきれなかった飼い主が手放す例も海外にはあるようです。マニアが多い生き物ですが、身勝手な人間に振り回され、気の毒な面もあるのです。

水辺で待ち伏せし、獲物を絞め殺す

水辺にもぐり、水面から目と鼻を出し獲物を待ち伏せし、水を飲みにきた動物を襲う。一気に体に巻きつき窒息死させ、息が絶えた後口を大きく開け、ゆっくりと飲み込む。

キングコブラ

ひと噛みでゾウ1頭が死ぬ毒を流し込む世界最大の毒ヘビ

キングコブラはインドからインドシナ半島、中国南部にかけての熱帯雨林や平原に生息します。体長は3〜5・5mで、世界最大の毒ヘビです。キングコブラは爬虫類を食べることもありますが、主に好んで食べるのは他のヘビ類。ヘビ類の頂点に立つということから「ヘビの王様」と目されたのが名前の由来です。また、学名には「ヘビを食べるもの」という意味があります。

コブラは毒を持つヘビのうち、半身を持ち上げるように直立し、威嚇するときに首の部分を広げることができるヘビの総称です。他のコブラは威嚇するときにその場にとどまるのに対し、キングコブラは**そのままの姿勢で前進することができる**ため、**高い攻撃力を持つのが特徴**です。鎌首をもたげて威嚇する姿が雄々しい反面、クリッとした小さな目に愛嬌があり、キャラクターにもよく使われるなど、なじみのあるヘビでもあります。

キングコブラが獲物をとるときは、**相手の頭部の付け根を狙って噛みつきます**。そして即座に牙から毒液を注入し、獲物の体を麻痺させて死に至らしめます。他の毒ヘビを狙うこともありますが、キングコブラの毒は、他のコブラに比べると毒性は強くありません。しかし、体が大きいだけに一度に注入される毒の量が多く、**ひと噛みで約7㎖の神経毒を注入できます**。**これはゾウ1頭、人間なら20人の致死量に相当し**、噛まれた獲物はたとえ毒ヘビであろうとひとたまりもなく、短時間で死に至ります。獲物が死ぬとゆっくりと丸飲みするのがキングコブラの捕食方法です。しかし、警戒心が強く、繁殖期を除くと性質は温厚です。よほど危険な目に遭わせない限り、人間が襲われることはありません。

大量の毒を流し込み ヘビを丸のみ

キングコブラは体が大きいため毒腺も大きく、ひと噛みで7㎖の毒を流し込む。主な獲物はヘビで、鋭い視力と舌で獲物を感知し噛みついてしとめる。毒は神経毒と出血毒の性質を併せ持ち、人が噛まれた場合は多くは助からないという。

ジャクソンカメレオン

わずか0・05秒で獲物を長い舌でキャッチ

ジャクソンカメレオンはトカゲの仲間で、ほとんどは木の上で暮らし、動きは緩慢です。前足も後ろ足も指が内側と外側に分かれ、両側から木の枝をしっかりとつかんで暮らしています。ジャクソンカメレオンが主にとるのは昆虫です。木の上から目だけをグリグリと動かし、獲物を探します。ジャクソンカメレオンの目は、左右別々に動かすことができ、それぞれ前後上下を自在に見ることができます。そのため、首を動かさなくても四方八方をくまなく見ることができ、すぐに獲物を見つけることができるのです。

獲物を発見すると、口の中から瞬時に長い舌が出てきて、目にも止まらぬ速さで獲物をキャッチします。カメレオンの舌には、舌骨という骨があります。舌骨は筋肉で覆われ、縮んだ状態になっていますが、獲物を捕まえるときにはまるでバネのように、勢いよく飛び出てきて獲物を捕らえ、すぐさま舌を引っ込めて口に入れます。ジャクソンカメレオンの舌の先からは粘液が分泌され、獲物に一瞬触れるだけで口まで運ぶことができます。この間、わずか20分の1秒。スローモーションで見なければ獲物を獲ったかどうか確認できないほどで、文字通り舌を巻く早業です。

カメレオンは、体の色が変わることが有名で、態度や意見がコロコロ変わる人のたとえとして用いられることもあります。体色変化は温度や光の強さ、感情や体調によっても起こりますが、主に周囲に紛れるための擬態として働きます。一般に興奮したときには派手な色になり、体調が悪い時にはくすんだ色になります。見た目が奇怪なこともあり、ペットとしても人気ですが、飼育は難しいと言われています。

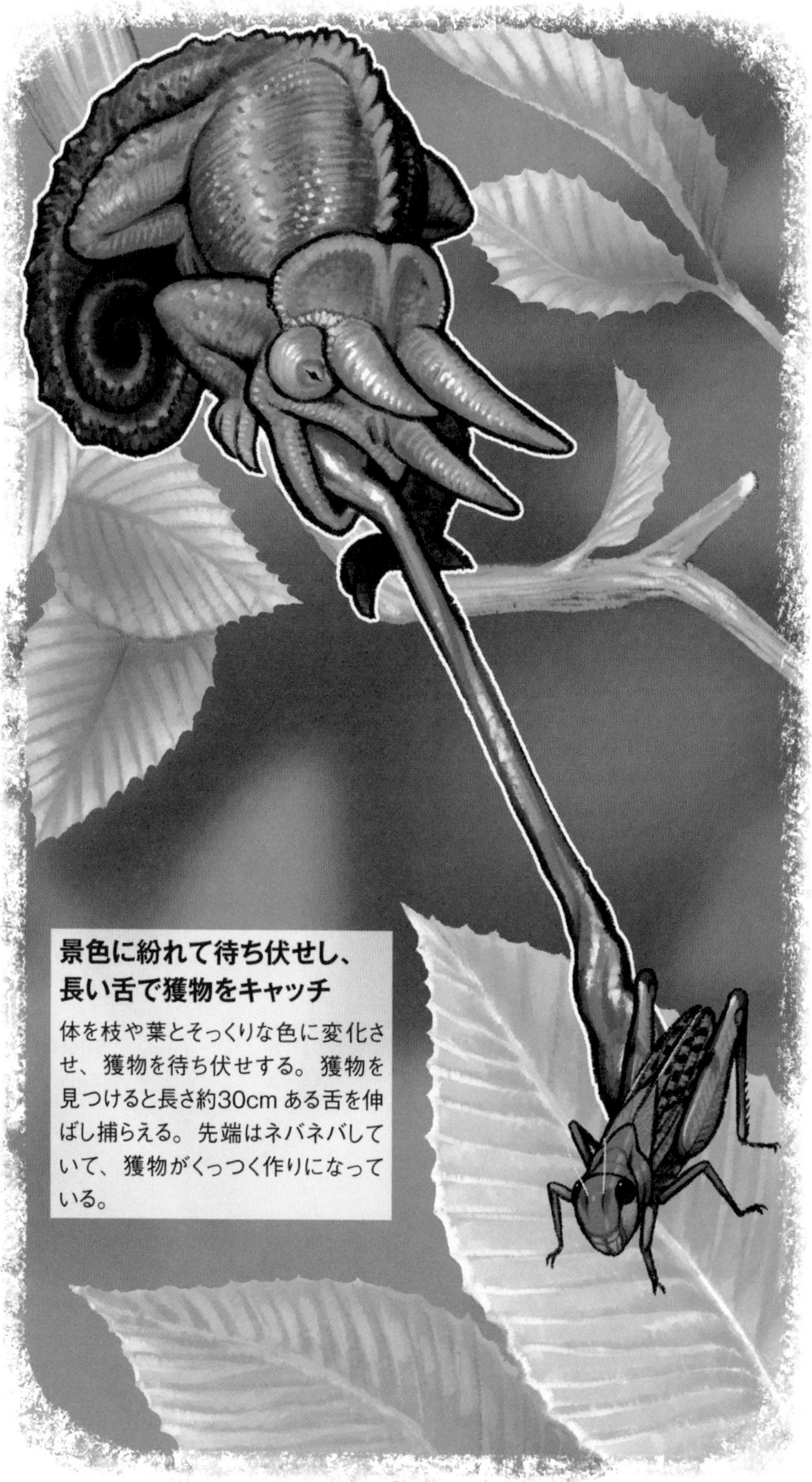

景色に紛れて待ち伏せし、長い舌で獲物をキャッチ

体を枝や葉とそっくりな色に変化させ、獲物を待ち伏せする。獲物を見つけると長さ約30cm ある舌を伸ばし捕らえる。先端はネバネバしていて、獲物がくっつく作りになっている。

数十匹でミツバチの巣を壊滅させる

オオスズメバチ

オオスズメバチはスズメバチの中でも最大で、体長は働きバチが27～40㎜、オスが27～45㎜、女王バチは40～55㎜。恐ろしさのあまりスズメほどの大きさがあると、誰かが思い込んだのでしょう。オスは毒針を持ちませんが、働きバチと女王バチは、ハチの中で最も強い毒を持ちます。

オオスズメバチは枯れ木などを唾液で固めて巣を作り、集団で暮らしています。巣作りは初夏から始まり、秋にかけて巣の中で幼虫を育てます。狩りは主に幼虫のために行われ、ターゲットとなるのは、ミツバチやアシナガバチなど、他のハチの巣。**オオスズメバチの狩りは仲間と共同で役割が段階的に行われ、とても組織的です。**まず、偵察役のハチがターゲットとなるハチの巣を見つけると、マーキングフェロモンを分泌して巣の場所を仲間が認知できるようにします。次に仲間とともに巣を襲撃し、抵抗する獲物を大きなアゴで攻撃したり毒で麻痺させたりして、殺したり巣から撤退させたりします。こうして巣を占拠し、巣の中の幼虫を奪うのです。手に入れた幼虫は殺したハチの死骸とともにその場で食べることもありますが、噛み砕いてから唾液で固めて運び出し、自分の巣に戻って幼虫の餌とします。

オオスズメバチの攻撃力は高く、**数十匹で約4万匹ものミツバチを2時間ほどで全滅させることができる**といいます。飛行能力も高く、時速約40㎞で飛び、1日で約100㎞移動できる持久力もあります。巣に危険を感じたときは人間を襲うこともあり、毎年のように各地でオオスズメバチによる死亡事故が発生しています。巣を見つけたらむやみに近づいたり、つついたりせず、自治体や専門業者に駆除を依頼しましょう。

強力な毒針で
ミツバチの巣を全滅させる

セイヨウミツバチの巣を集団で襲い、ミツバチに毒針を刺したり、強力なアゴで噛みつき攻撃をする。たった数十匹で4万匹のミツバチを2時間で全滅させることもある。

ハエトリグモ

巣は作らず高度な視力とジャンプ力で捕らえる

クモの狩りと言えば、〝くもの巣〟を張って獲物が引っかかるのを待ち続けるイメージがありますが、その方法で獲物をとるクモは全体の半数ほどに過ぎません。残りは網を張らずに徘徊しながら獲物を獲ったり、その場で網を投げつけて捕えたりします。網を張るものを造網性、張らないものを徘徊性と言います。

ハエトリグモは徘徊性で、よく動き回り、歩きながら餌を探します。一般の家でもよく見かけ、「家グモ」と呼ばれるクモはほとんどがハエトリグモ。ハエトリグモはハエだけではなく、カやダニ、ゴキブリの幼虫なども食べることから、益虫とされています。脚にはネバネバした毛があり、ガラス面のようなツルツルした場所でも容易に歩くことができます。

ハエトリグモは自分の体の6倍もの距離を飛ぶことができ、英名を「ジャンピング・スパイダー」と言います。**徘徊中、獲物に出会うと直接獲物に飛びかかってしとめます。**捕らえた獲物に消化液を注入してドロドロにし、吸い取るようにして食べるのが特徴です。また、徘徊中はつねに糸を出していますが、これは罠を作ったり獲物を捕らえたりするためではなく、高いところから落ちたときの命綱代わりとされています。

ハエトリグモは視力もよく、物の形や色も認識するとされています。同じように視力のいいクモにメダマグモがいます。一般に造網性のクモは視力が弱いのですが、**メダマグモは造網性ながら発達した目を持ち、暗闇でも獲物がよく見えます。**メダマグモは、放射状の網ではなく、小さな網を作って待ち伏せし、近づいてきた獲物に網を投げつけるという方法で狩りをします。

大ジャンプで獲物をしとめる

ハエトリグモは巣を作らず自ら獲物を探し、見つけると大ジャンプで飛びかかり獲物をしとめる。

ハエトリグモの視界はどうなっているの？

ハエトリグモの主眼

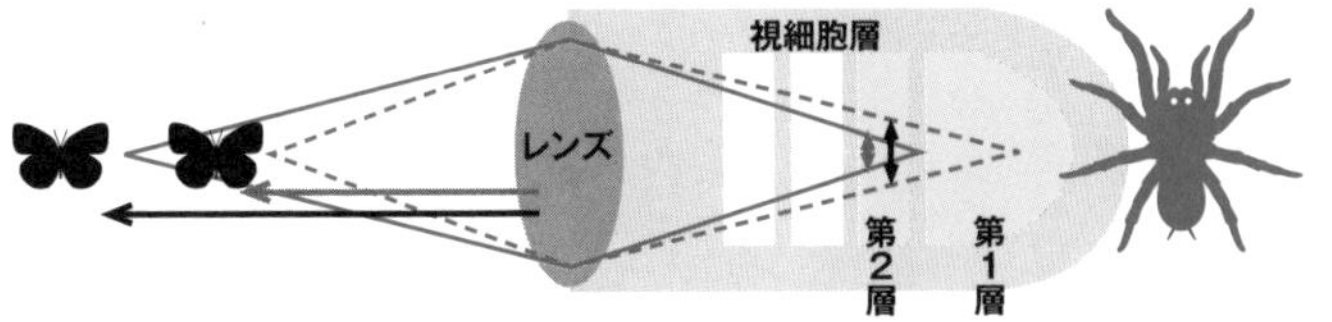

クモの中で特に発達した視力を持つと言われるハエトリグモだが、鮮明な解像度を持っているわけではなく、対象物がぼやけた状態で奥行きを捉えている。図のような網膜の細胞層でピンボケした像ができ、対象物が近くのものは大きく、遠いものは小さくなるという仕組みになっているのだ。

グンタイアリ

数百万匹の大群で大きな動物も食い尽くす

一般的なアリは地中に巣を作りますが、グンタイアリは巣を作って定住せず、軍隊のように隊列をなして移動しながら暮らします。隊列は数百万匹からなり、前線が残したフェロモンをたどることで列を乱さずに進んでいくのです。狩りはこの行軍の最中に出会った獲物を集団で襲うという方法で行われます。グンタイアリの仲間は一部を除いて**目が退化していてほとんど視力がないため、振動とにおいで獲物を見つけ出し、手当たり次第に狩りをします**。気温が上がるとにおいが蒸散されてしまうため、狩りの時間は午前中と夕方以降に限られます。

グンタイアリの集団は、他のアリと同じく、女王アリ、オスアリ、働きアリの3階級あります。さらに働きアリは、隊列を見守るメジャー、捕った獲物を運ぶサブメジャー、獲物に噛みつくなど攻撃役で狩りの主軸を担うメディア、大勢でつながり、橋や梯子になって行軍を続けることをサポートするマイナーの4種に役割が分担されています。特にマイナーの働きはまさに自己犠牲のもとに築かれる軍隊そのもので、その行動は他のアリには見られません。

グンタイアリのアゴは鉤型に曲がっていて、一度、食いつくとなかなか離れません。また、お尻には毒針があり、**獲物に噛みついた状態で獲物が絶命するまで毒針を何度も繰り返し刺します**。人間を殺すほどの毒性はなく、噛まれたとしても軽傷で済みますが、何万匹もの大群で攻撃をしかける威力は昆虫最強とも言われます。獲物は昆虫や爬虫類が中心ですが、病気やケガで弱っている牛や馬を集団で丸ごと食い荒らすこともあり、人間が襲われた例もあるので注意が必要です。

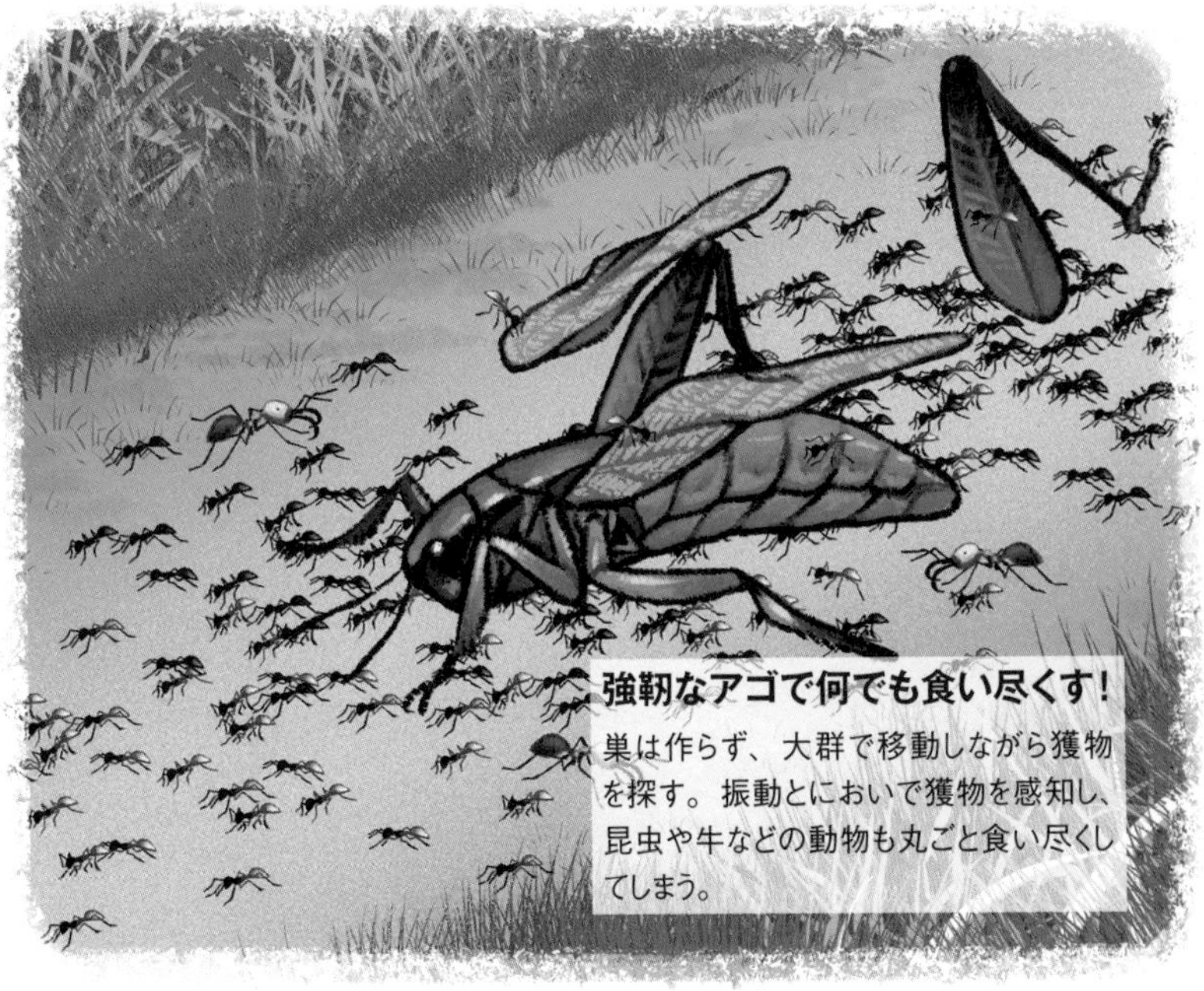

強靭なアゴで何でも食い尽くす！

巣は作らず、大群で移動しながら獲物を探す。振動とにおいで獲物を感知し、昆虫や牛などの動物も丸ごと食い尽くしてしまう。

アリの橋でどんな場所も進んでいく

グンタイアリは移動中、道に開いた穴や亀裂、崖があると自らの体で橋を作り進んでいく。先に亀裂に遭遇したアリが動作を止めると、そのアリの上にアリが乗り上げ、これを繰り返すことで橋が形成されるという仕組みだ。

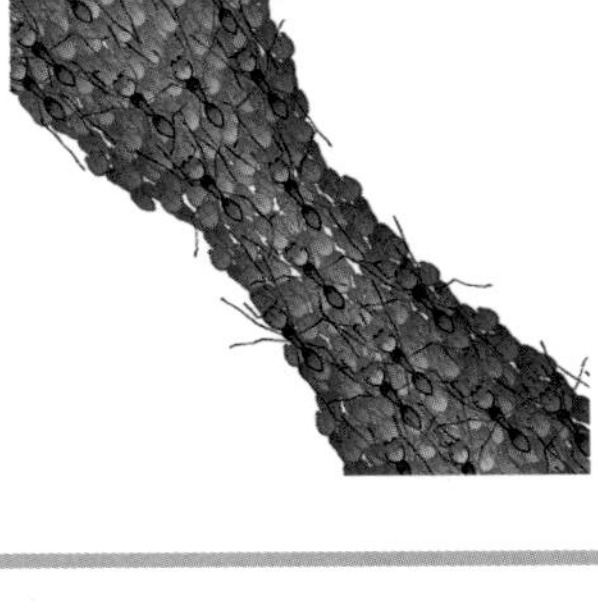

Column 1

食べられないようにする生き物たちのサバイバル術

捕食される動物たちも、やられっぱなしではありません。ハンターたちに対抗するため体の特性を活かして身を守ってきました。生き残るために身につけた生き物たちのサバイバル術を紹介します。

①ミツオビアルマジロ

背中の皮膚が硬い甲羅のようになっていて、敵に襲われるとボールのように丸まる。体表は非常に硬くジャガーですら歯が立たないこともあり、柔らかい腹部を隠し身を守っている。

②シマスカンク

スカンクは敵に襲われると逆立ちするように尾を上げて、肛門付近にある腺から悪臭のある液体を放つ。ニンニクや焼けたゴムが混ざったような臭いで、肉食動物も逃げ出すほど。

③アフリカスイギュウ

1000頭を超える大群で生活することで天敵から身を守っている。体重は900kgもあり、獰猛な性格で力が強く、群れでいることでライオンはなかなか手を出すことができない。

第2章

空の生物

優れた飛翔力とパワーを持つ猛禽類や、水中に飛び込む技術をもった鳥類など、あらゆる能力を駆使して獲物を捕らえる空の生物たちを紹介します。

イヌワシ

獲物をわしづかみして鋭い爪を突き刺す

「大空の支配者」との呼び声が高いワシの中で、森林の生態ピラミッドの頂点に立つと言われているのがイヌワシです。体全体が黒褐色で、大人になると後頭部から背面にかけて金褐色の羽毛が生えてくるのが特徴。尾には3本の帯があります。

イヌワシの特技は、何と言っても**飛翔力**。**広げると2mにもなる翼の持ち主で、荒れ狂う風の中でも巧みに飛ぶことができます。**尾羽で速度と方向を微妙に調節しながら、自由自在に飛ぶため「風の精」と呼ばれることも。

普段は人里離れた森林や岩場にすんでいますが、お腹が空くと草原や崖地など開けた場所に移動して狩りをします。狩りをするときのイヌワシはとてもダイナミック。1500m先にいる獲物も見つけられるという目を武器に、空を悠然と飛びながらノウサギやリス、キジ、ヘビなどの獲物を探します。

獲物を発見すると、翼をたたんで瞬時に急降下。**獲物に逃げるひまを与えず、鋭いカギ爪のついた脚で力強くつかんで捕らえます。その力はとても強く、ノウサギが一瞬で握り殺されてしまうほどだそう。**「わしづかみ」の語源は、ワシが獲物をつかむ動作だと言われています。

イヌワシは、つがいで縄張りを持っていて、1年を通してその中で生活するようになります。つがいで狩りをするときは狩りの戦術を変更。1羽が前方から近づいて獲物の注意を引き、もう1羽が背後から襲いかかるのです。狩りに成功すると、爪で獲物の感触を確かめながら加速し、崖の上などに移動。獲物を引き裂くためにカギ状に曲がり先端が尖ったくちばしと、強力な脚で器用に獲物を引きちぎり食事にとりかかります。

素早く近づいて
一瞬で獲物を捕獲

翼をたたんで急降下し、獲物の寸前で大きく広げて減速。脚を突き出して獲物をつかんだら、親指の爪を突き刺して捕獲する。

低空も上空も思いのままに飛翔

イヌワシは、上空や遠く離れた場所から獲物を探すが、なかなか標的が見つからない場合は低空飛行をしながら捜索することもある。まっすぐ上昇したり、地上スレスレまで降下したりしながらじっくりと獲物を探し、標的を見つけると時速約200km のスピードで捕獲に向かう。

02

ミサゴ

鋭いカギ爪を出しながら水辺にダイビング

ミサゴはタカやトビに似ていますが、お腹が白く輝くように見えるため地上からでも見分けるのは簡単。翼は細長く、空中から急降下して獲物をとることから「魚鷹」の異名を持っています。また、英名を「オスプレイ」といい、軍用機の語源にもなっています。

魚のみを獲物とするため、生息地は海や川、湖の周辺。水面の光が反射するのを抑えるための特殊な目を持っていて、上空からでも水中の魚を見つけることができます。また、時には水中に飛び込んで獲物をとることもあるため、羽毛が水を弾くよう油分で覆われています。

ミサゴは、木の上に止まって水面を見据えたり、上空を旋回したりしながら獲物となる魚を探します。獲物を見つけたら、激しく羽ばたきながら停空飛翔し狙いを定めます。タイミングを見計らって急降下し、水面に着く直前に鋭いカギ爪を出して獲物をわしづかみ。カギ爪が脳に食い込み獲物が動きを止めると、瞬時に握りつぶしてしまいます。ミサゴの狩りの成功率は60～70％と高確率だと言われていますが、まれにつかんだ獲物が大きすぎて飛び上がれず、溺死してしまうこともあるのだそう。ボラやスズキ、マスなど大型の魚も果敢に捕まえにいくので、こうした事故は起こりがちだといいます。

また、ミサゴが狩りをするのは、メスへのアピールでもあると言われています。メスを見つけると、捕獲した魚を運びながら力強く羽ばたき、鳴き声をあげながら空中をディスプレイ。メスの視線を釘付けにしたいのか、３００ｍ以上も急上昇したり、停空飛翔したりしながら5～6分もの間獲物を見せびらかします。

カギ爪とトゲで獲物を弱らせる

鋭いカギ爪がついた足指の裏にはざらざらとしたトゲがあり、捕らえた獲物を弱らせる。小さな獲物は片足で、大きな獲物は絞るように握って巣まで運ぶ。

ハサミアジサシ

くちばしを水中に差し込みながら水面を飛ぶ

獲物の魚を長いくちばしで挟んで捕まえる様子からその名がついたハサミアジサシ。くちばしが薄く、上くちばしより下くちばしの方が太くて長い見た目が特徴的です。

そんなハサミアジサシが狩りをするのは、主に魚たちが水面に上がってくる夕方から夜にかけて。鳥類としては珍しく猫のように縦長の瞳孔をしているのは、明るくても暗くても獲物がよく見える仕組みだと言われています。

狩りをするときは、まず川の水面と平行に飛びながら魚が水面に上がってくるのを待ちます。獲物の気配を感じると、長い下くちばしを水中に差し込んで水面すれすれを飛びながらタイミングを見計らい、下くちばしに魚が当たった瞬間に頭を素早く下に曲げ、挟みこんで捕まえるのです。昆虫も食べますが、主に川の小魚を獲物とするため、くちばしは水の抵抗を受けにくく獲物をすくいあげやすい形になっています。

魚が下くちばしに当たってから捕らえるまではおよそ0・1秒ほど。獲物に逃げる隙を与えない素早さでキャッチします。同じ航路を行ったり来たりしながら獲物を探すのですが、航路の上での狩りの成功率は高いとされています。ただし、上下のくちばしの長さの差が影響してか、捕まえた魚を巣に運ぶときに落としてしまうこともあるのだとか。

ただし、いくら狩りが得意で夜目がきくとはいえ、水の中にいる獲物の大きさが必ず判別できるわけではありません。万が一ナマズのような大きな獲物に当たっても墜落してしまわないよう頭と頸の筋肉組織が発達していて、そのおかげで衝撃を吸収することができるといいます。

水面を往復しつつ
下くちばしで探す
川の上すれすれを飛びながら魚を探す。魚の気配を感じると、下のくちばしを水面につけて獲物に触れた瞬間一瞬で捕まえる。

なぜ下くちばしが長いの？

ハサミアジサシのくちばしは下くちばしが長くなっていて他の鳥類にはない形をしている。これは、ハサミアジサシが主に夜に狩りをしているためであり、夜になると魚が水面近くを跳ぶ虫を食べに上がってくるため、このような形だと都合が良いと言われている。

ハヤブサ

急降下攻撃で獲物を蹴り落とす

ハヤブサは、鋭いくちばしと爪を持つ猛禽類。ワシやタカと似ていますが、くちばしから頭の後ろまで出っ張りが少なく、スマートな顔をしているのが特徴です。また、目の下が黒く、これは目の下の羽毛が太陽の光を反射して眩しくなるのを防ぐためだと言われています。

ハヤブサの主な獲物は小型～中型の鳥類で、小型哺乳類や昆虫も捕食します。獲物を探すときは、高空を大きな弧を描くように旋回。動体視力がよく、１５００ｍの離れた場所からでもノネズミを見つけられます。空を飛ぶ鳥に狙いを定めると素早く獲物の上空まで急上昇し、両翼をたたんで背中につけ、猛烈な速さで急降下します。

ぶつかるように獲物に接近すると、鋭いカギ爪のついた脚で翼の筋肉の付着部あたりを思いきり蹴って墜落させます。そして、急旋回しながら獲物を空中でつかみ、くちばしで最後の一撃を与えるのです。

幅が狭く、先が尖った羽を持ったハヤブサは急降下が大得意。その速さは鳥類最速で、30度急降下するときは時速２７０㎞以上、45度なら３５０㎞に達することもあると言われています。それだけのスピードで追撃された鳥は逃げる隙もありません。急降下攻撃を察知し、旋回して逃げようとしてもハヤブサは追撃します。素早く正確に捕獲すると、巣に持ち帰り鋭く曲がったくちばしで肉を引き裂いて食事をするのです。

非常に攻撃力の高いハヤブサですが、実は渡り鳥のように集団をなす相手は苦手。自分の翼が傷つくのを一番恐れているためであり、ハヤブサの影が見えたとたん密になって地上に降りようとする渡り鳥を追うことはしないのです。

**ぶつかるように
接近し蹴り落とす**

ハヤブサは飛んでいる鳥を猛スピードで追いかけ、足の指を目一杯開いて前に突き出し蹴り落としてしとめる。ハトなど大きな獲物を狙うことも。

ハヤブサの急降下攻撃

高速飛行ができるハヤブサは空中戦が得意。獲物となる鳥に狙いを定めると、急降下して鋭い爪のついた足でひと蹴り。生きたまま墜落していく獲物を空中でつかみ、飛んだままくちばしで獲物の後頭部にトドメを刺すのだ。小さい獲物なら握り潰してしまうし、地上に降りてからトドメを刺すこともある。

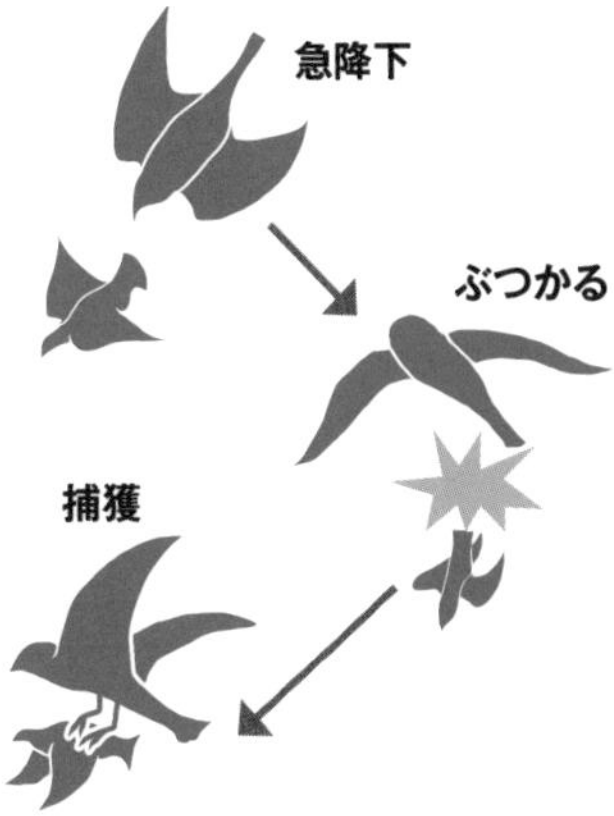

他の鳥が捕った獲物を強引に奪い取る

アメリカグンカンドリ

アメリカグンカンドリは、翼を広げると2・3mにもなる大きな海鳥で、特技は高速飛行です。先端が鋭くカギ状に曲がったくちばしが特徴的で、羽毛の耐水性は悪いため、海鳥ながら海で泳ぐことはできません。体は青緑がかった光沢のある黒で、オスは赤い喉袋を持っています。繁殖時になるとこの喉袋を風船のように大きく膨らませてメスにアピールします。

アメリカグンカンドリの獲物は、魚やイカなどの海の生き物。しかし、いつも自分で捕まえるわけではありません。**カツオドリ類やペリカンなど狩りに成功した他の鳥がくわえている魚を横取りすることがよくあるのです。**

そのやり方は強引で、まず相手が獲物を持っているかどうかを確認します。対象となるカツオドリ類やペリカンは喉いっぱいに魚を詰めて運ぶため、魚を持っているときといないときで声が異なり、その鳴き声で判別すると言われています。

獲物を持っていると分かれば、スピードを上げて追いかけ「脅し」をかけ、一撃して魚を吐き出させて奪い取ります。子どものために食べ物を運んでいる場合はそう簡単には吐き出してくれないので、**翼や尾を引っ張ったり、空中で仰向けにひっくり返したりとさらに攻撃を仕掛けて強引に吐き出させるのです。**

相手が獲物を少しでも出したら、カギ状に曲がったくちばしで取り上げます。その様子はまさにひったくり。吐き出した魚が空中に落ちてしまっても、急降下してサッとすくっていきます。

卑怯なようにも思えますが、水に弱く水に濡れると飛べなくなる習性があるため、横取りするしか食べ物を簡単に得る方法がないのです。

魚を持った鳥を
追いかけて強奪

狩りを終え、巣まで餌を運ぶ鳥に急接近し魚を横取りする。こうしたひったくり行為を仲間のアメリカグンカンドリに対しても行うというのだから驚きだ。

カワセミ

急降下して水中に飛び込み獲物を捕らえる

川畔や沼畔といった水辺に生息するカワセミは、体と尾が短く細長いくちばしを持っています。上面はルリ色、下面は栗色と鮮やかで飛ぶ宝石とも呼ばれるほど美しい外見をしています。また、英語では「漁師の王様」との異名があるほど魚をしとめるのが得意。**細長いくちばしは水中に飛び込んだとき水の抵抗を少なくするためだと言われています。**

カワセミが獲物とするのは、メダカやオイカワ、ドジョウなどの小魚やエビ。狩りをするときは、水面に突き出た杭の上や低く張り出した枝などに止まって水中の小魚の様子を観察します。じっとしたまま長時間動かないことがよくありますが、眠っているわけではありません。水中の魚影を追い、獲物が射程距離に入ってくるのを根気よく待っているのです。

獲物が射程距離に入ったら、頭から急降下して水中に飛び込みます。獲物をくちばしで挟んだらUターン。すぐに水中から飛び立ち、元いた杭や木の枝に戻って獲物を叩きつけ、トドメを刺します。獲物が小さければそのまま丸飲みにしてしまうことも。水中に飛び込んで獲物をとり、元の場所に戻るまでにかかる時間はほんの数秒です。また、カワセミは空中で同じ場所にとどまって飛ぶホバリングができるため、空中にとどまりながら獲物を探すこともあります。

カワセミはこのような狩りを一日に何回も繰り返します。1回の狩りを5～20分ほどかけて行い、その後は水浴びや羽づくろいをして1時間ほど休憩をとります。日が落ちるまで繰り返し、獲物の大きさにもよりますが、1日20匹前後の小魚を捕獲するのです。

**目を閉じても
獲物は逃さない**

多くの鳥類と同様にカワセミにも、水中に飛び込んだときに目を防護する瞬膜という第三のまぶたがある。瞬膜は透明または半透明なため、瞬膜を閉じても獲物が見えなくなることはない。

キツツキ

コツコツと木を叩いて虫の居場所を探し出す

　キツツキの仲間はとても多く、世界中に254種もいると言われています。ほとんどは鋭く尖ったくちばしで木に穴を開け、中にいる虫を捕食します。**キツツキは、くちばしで木の幹をコツコツと叩くだけで中に昆虫や昆虫の幼虫、クモなどの獲物がいるかどうかを判断します。**獲物がいると分かれば、くちばしで厚い樹皮を剥がして穴を開けます。そして、長い舌を使ってつまみ出し捕食するのです。

　キツツキは前後に2本ずつ開くしっかりした脚を持っていて、垂直に木の幹に止まり、上下に自由に動くことができます。また、軸が硬い尾羽も体を支えているため、つついたり捕食したりしながら安定して木に止まっていられるのです。

　キツツキが木をつつくのは、獲物を探しているときだけでありません。「タラララ」と軽やかに叩いているときは、縄張りアピールをしているのだそう。このドラミングという行為は、異性へのアピールのためにも行います。

　獲物探しや縄張りアピールなど何かと木をつついているキツツキですが、意外にもくちばしや脳がダメージを負うことはありません。**キツツキの脳はとても小さく、頭蓋骨にぴったりと収まっているため脳が揺さぶられない構造になっているのです。**木とくちばしの接触時間も0・5～1㎜秒ととても短く、脳を守る要因の一つと考えられています。

　また、キツツキのくちばしはとても丈夫で、くちばしとアゴをつなぐ筋肉も非常に発達していて衝撃を吸収・分散してくれます。さらに長く伸ばせる舌を持つことで、ダメージを負わずに効率よく獲物を捕らえることができるのです。

木をつつくだけで
獲物の有無が分かる

キツツキは木をコツコツと叩き、反響音かくちばしの感触で木の中の様子を確認している。獲物がいれば、ネバネバした唾液で覆われている長い舌と頑丈なくちばしを使って捕食する。

頭の上まであるキツツキの長い舌

キツツキの舌は非常に長く、額から頭骨の後ろをぐるりとまわって上くちばしの天井部分まで達する。後頭部あたりにある舌骨という部分にたわみがあるため、舌を外に長く突き出すことができる。獲物が引っかかりやすいよう舌の先がブラシや矢じりのような形をしているため、木の中にいる虫を引きずり出せるのだ。

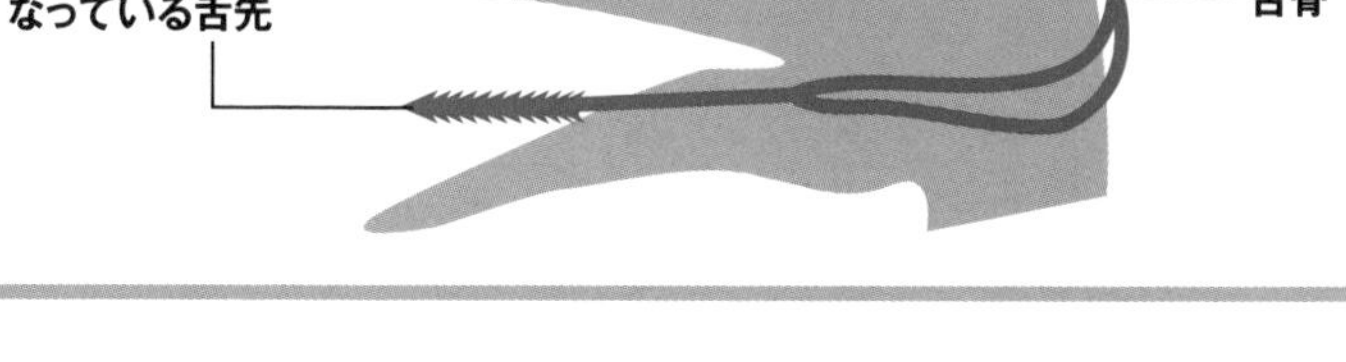

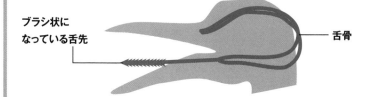

08

アオアシカツオドリ

集団で矢のように海へ飛び込む

名前の通り、きれいな青い足を持つアオアシカツオドリ。求愛をするときは、オスが青い足を交互に上下しながら見せつけるようにメスの周りを歩き回ります。主な生息地は海や海岸の崖で、主に青魚を獲物としています。アオアシカツオドリの足が青いのは、青魚に含まれるカロテノイドという天然色素によるもの。つまり、青魚をたくさん食べているオスほど足の色が青くなり、オスにとっては青い足をアピールすることは捕食能力が高いことを示しているというわけです。

集団繁殖するアオアシカツオドリは、狩りも集団で行う性質があります。海から10～30m上空を数百匹もの集団で飛びながら獲物を探し、魚群を見つけると1羽が鳴き声を上げてダイビング。すると、一羽、また一羽と群れの全員が矢のように海に飛び込んでいきます。そのスピードは時速約100km前後。突然空から襲いかかってきた敵に魚が驚いて混乱しているところを狙い、追い回しながら捕獲するのです。

水中に飛び込む瞬間には、翼を後方に折りたたんで細長い形になります。これは他の鳥にはできない技で、翼の関節が柔らかく、折りたたむための筋肉が発達しているアオアシカツオドリだからできること。この体形をとることで、水深10～20mまでもぐることができるといいます。

しかし、超高速で海に飛び込むため、翼を折りたたんでいても水面にぶつかった衝撃で骨折してしまうこともあります。そうした事故を防ぐために、海中に飛び込んだ後はまず横に向かって浮上し、水平方向に飛んでから上昇するというルールがあります。とはいえ狩りの方法が危険であることに変わりはありません。

数百匹の集団で魚群目がけて突進

上空から魚群を探し、集団で急降下してそのまま海中まで勢いよくダイブ。その様子はまるで無数の矢が海面に突き刺さるようだ。カツオドリという名前でありながらイワシなどの小魚を狙う。

フクロウ

わずかな音も聞き逃さず静かに獲物をゲット

ずんぐりとした丸い体と大きな目が特徴的なフクロウは他の鳥と違って目が顔の前面にあるため、人間と同じくらい広い視野を持っています。また、頸もよく回り、頭を270度以上もぐるりと回転させられるため、より広い範囲を見ることができるのです。

頸や目以上に機能的なのが耳です。鼓膜が大きく、耳の小骨である耳小柱が中心から少しずれていることで、わずかな音も正確に聞き取ることができます。フクロウはしばしば首をかしげる仕草をしますが、これは相手をよく見ているだけでなく、音の出所や距離などを正確に測っているのです。

夜行性のフクロウが狩りをするのはもちろん夜。昆虫やカエル、ネズミ、小鳥などの小さな哺乳類を獲物としていますが、優れた耳でどんな獲物がどちらに向かって動いているかをおそるべき正確さで聞き分けます。雪の上をそろそろと歩く子ネズミの足音すら聞き逃しません。

優れた聴覚によって獲物の位置を瞬時に把握すると、音を立てずに近づいて捕獲。フクロウの脚は短く見えますが実際は長く、足指は前後2本ずつの十字型に開き、先端は鋭いカギ爪状になっています。握る力も強く、ネズミやモグラなどの獲物をしっかりつかんで離しません。食べるときは、大きく口を開けて丸飲み。かわいらしい顔をしながら、食事シーンは意外と豪快なのです。

また、羽毛に隠れていて分かりにくいですが、実はフクロウは先が湾曲した鋭いくちばしを持っています。この立派なくちばしは、丸飲みできないほど大きな獲物の肉を引き裂いて食べるときや、獲物をくわえて巣に持ち帰るときなどに役立ちます。

獲物に気付かれず そっと接近

夜行性のフクロウの武器は、目より耳。自慢の聴覚でどんな小さな音でも察知するが、自身は音を立てずに飛ぶことができるためネズミや小鳥は捕獲されるまで敵が近づいていることに気付かない。

音を立てずに飛べる羽の構造

フクロウの羽は、他の鳥に比べ柔らかくしなやかな性質を持つ。他にも、羽先がギザギザとした綿状になっていているため、飛んだときに発生する風の塊を細かく分散し、風を切る音を抑えているのだ。

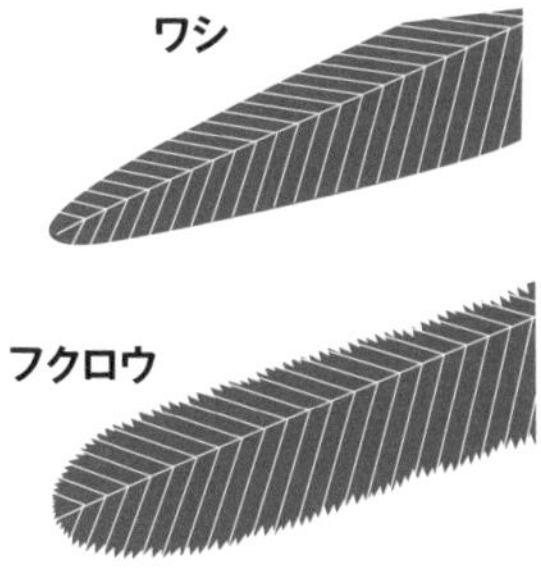

コウモリ

大きな翼のような脚を広げて獲物を囲い込む

コウモリは、鳥と同じように動力飛行ができる唯一の哺乳類です。翼に見えるのは実は前脚で、指と指の間の飛膜が翼の役割を果たしています。夜空をバタバタと不規則に飛び回るコウモリは、一見効率の悪い飛び方をしているように見えますが、運動能力は極めて高く鳥以上に小回りがきくと言われています。

世界中に1000種類もいると言われるコウモリは、昆虫を食物にするもの、果実を食べるもの、魚が主食のものなどさまざま。カエルを食べる力エルクイコウモリや、ウサギのような大きな耳をしたニホンウサギコウモリなどがいます。ちなみに、夕暮れになると市街地で見かけるコウモリのほとんどはアブラコウモリで、蛾やハエ、ハチなどの昆虫を捕食します。

夜行性の**コウモリはほとんど目が見えません**が、**獲物を探すために超音波を発してレーダー代わりにしています**。そのレーダーは獲物の存在や大きさ、獲物との距離などを瞬時に測れるほどとても正確。人間にも聞こえる1万Hzの低い音から、**人間には聞こえない15万Hzの高い音までを断続的に発しながら、反響音を聞いて周囲に獲物がいないか探っています**。

例えば、カエルクイコウモリは、超音波を発してカエルがいる位置が分かるのはもちろん、射程圏内にいるカエルが毒を持っているかどうかを鳴き声で判断します。カエルとしても捕食されたくないので、近くに敵の気配を感じると鳴くのをやめてじっと息を潜めます。ただ、鳴くのをやめても数秒間は水面に波紋が残ってしまうのが現実。カエルクイコウモリのレーダーは、この波紋すら感知できてしまうほど繊細で正確なのです。

飛膜で囲い込み
絶対に逃さない
獲物を飛膜で囲い込むようにして逃げ道を塞ぐ。捕らえたら、口で噛みつき飛び立っていく。

障害物か獲物か判別できる超音波

コウモリが断続的に発している超音波は、前方に向かって飛んでいく。前方に何もなければ音はそのまま消えてしまうが、何かぶつかるものがあれば音波が跳ね返ってくる。この跳ね返ってきた音波によって障害物や獲物の有無、仲間の位置などを感知しており、これを「エコーロケーション（反響定位）」という。

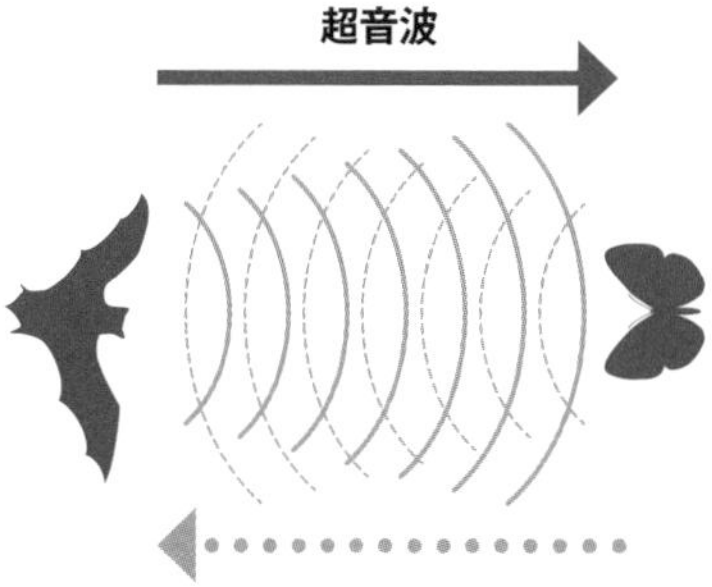
超音波

ハゲワシ

鋭い視覚で空から死肉を見つけ出す

ハゲワシは生きた動物を捕まえることはなく、死んだ大型草食獣が獲物。鋭い視覚で遠くから死体を見つけたり、離れた場所にいる仲間の動きを観察しています。

ただし、アフリカなど自然豊かな場所に生息していても、いつも大型草食獣の死体が見つかるわけではありません。獲物を見つけるために長い時間飛んでいなければいけないので、ハゲワシの翼は幅が広く、羽ばたきをしなくても滞空できるようになっています。

一羽が動物の死体を見つけると、どこからともなく**さまざまな種類のハゲワシが集まります。**一見、死体に群がって騒々しく獲物を食い散らかしているように見えますが、実はハゲワシの中ではきちんと食事のルールが決まっています。

まず死体に突破口をあけるのは、大型で鋭いくちばしを持ったシロガシラハゲワシ。彼らはそのくちばしで死体を切り刻みながら、肉片や皮膚を胃袋に収めていきます。内臓を食べるコシジロハゲワシは、先に到着しても順番を待っていなければいけません。体が小さく力もないエジプトハゲワシがやっと餌にありつける頃、残っているのは小さな肉片だけ。このように、**種によって食べる順番や食べる部位が違うのです。**

ハゲワシは死体を食べることから腐肉食性だと言われていますが、シマウマ1頭なら30分もあれば食べてしまいます。肉が腐る暇もないほど早食いなので、実際は新鮮な肉を食べているのです。

早食いで大食いであるハゲワシがいることで、死骸が悪臭を放つまで放置されたり、感染症が広がったりすることがなくなります。自然界の掃除屋の役割を果たしているのです。

死体や弱った草食獣を捜索

上空から地上の様子を常に監視し、獲物がいないか探している。動けなくなった草食獣を見つけると近くに舞い降り、死を待ってから捕食するのだ。

種類によって食べる部位が違う

まず食事を始めるのはシロガシラハゲワシとズキンハゲワシで、鋭いくちばしで大きな肉片や皮膚、腱を食べる。その後、アフリカシロエリハゲワシが内臓を食べ、コシジロハゲワシがその残りを食べる。ミミダレハゲワシが小さな肉片を食べたら、最後にエジプトハゲワシが骨についた小さな肉片を片付ける。

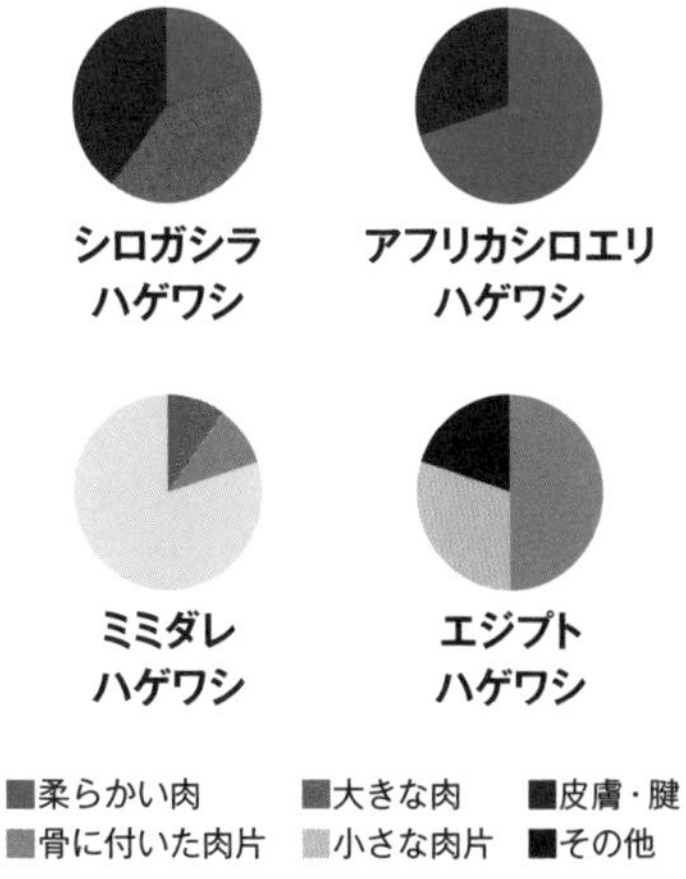
シロガシラ
ハゲワシ
アフリカシロエリ
ハゲワシ
ミミダレ
ハゲワシ
エジプト
ハゲワシ
■柔らかい肉
■大きな肉
■皮膚・腱
■骨に付いた肉片
■小さな肉片
■その他

ハチクマ

大胆に巣を破壊してハチを捕食

タカの仲間であるハチクマは、山地や丘陵地の森林などに生息しています。外見は羽が黒っぽいものや白っぽいものなどさまざまなので、一目で他のタカ類とハチクマを見分けるのは難しいですが、オスは黒目が大きく可愛らしい顔つきをしているのに対し、メスは黒目が小さく猛禽類らしいキリッとした顔をしています。

ハチクマの食性は変わっていて、名前の通りハチを主な獲物としています。特に、**攻撃性が高く強力な毒を持つスズメバチやアシナガバチを好む**というのだから、なかなかの強者です。大好きなハチを捕まえるために、ハチクマは木の枝に止まってハチの行動を観察したり、追跡したりして巣を見つけ出します。

ハチクマの捕食方法は大胆。**ハチの針をものともせず、巣を破壊しながら中にいる幼虫やサナギを捕らえます。**ハチクマのくちばしは細長く、先端が短いカギ状になっているのですが、これはハチの巣から幼虫やサナギを上手に取り出すためだと言われています。

ハチクマがハチの針を恐れないのは「顔の周りにうろこ状に生えた羽毛が鎧のように硬くハチの針が通らないから」、「体からハチが嫌がる臭いを出しているから」、「刺されてもハチの毒がきかないから」など諸説あり、実ははっきりとは分かっていません。

ハチが手に入らないときは、ヘビやカエルなどの小動物を食べることも。また、実は甘いもの好きなのではとも言われていて、スズメバチの巣が大きくなる前の時期は養蜂場を訪れ、蜜が詰まった巣板を舐めている様子がしばしば観察されています。

スズメバチの巣を大胆に襲撃

ハチの巣を見つけたハチクマは、カギ爪で上手に巣をつかみ巣穴から一匹ずつ幼虫やサナギを引っ張り出して捕食する。ハチクマに襲撃されてもスズメバチは反撃せず、巣を諦めて逃げていくそう。

Column 2

空の最強ハンター
世界で最も強い鳥は?

ワシやタカなどの猛禽類は、体が大きく強い力を持ち、鋭い爪とくちばしで獲物をしとめます。その中で特にすさまじいパワーを持った世界三強の鳥を紹介します。

①オウギワシ

南アメリカに生息するワシで、100kg 以上にもなる驚異の握力をもち、長い爪で獲物を絞め殺す。音を立てず飛ぶ習性をもち、猛スピードで木々の間を飛び回り、サルやナマケモノ、大型の爬虫類などを狩る。

②フィリピンワシ

フィリピンに生息する世界最大級のワシ。両翼を広げた幅は約2m あり、機動力も高くサルやヤマネコなどの機敏な動物を巧みに捕らえる。サルをよく襲うことから「サルクイワシ」とも呼ばれる。

③カンムリクマタカ

「空を飛ぶヒョウ」と異名をもつカンムリクマタカは、主にサルを獲物にし、マンドリルなどの大型のサルもしとめるほど強い。ひとつかみで骨を粉砕するほどの握力を持っている。

第3章

海の生物

シャチやサメ、クジラなどの大型生物や、海底に潜む魚たちの狩りの様子を解説していきます。スピードやパワーだけではなく、道具を活かすあらゆるハンターたちがいます。

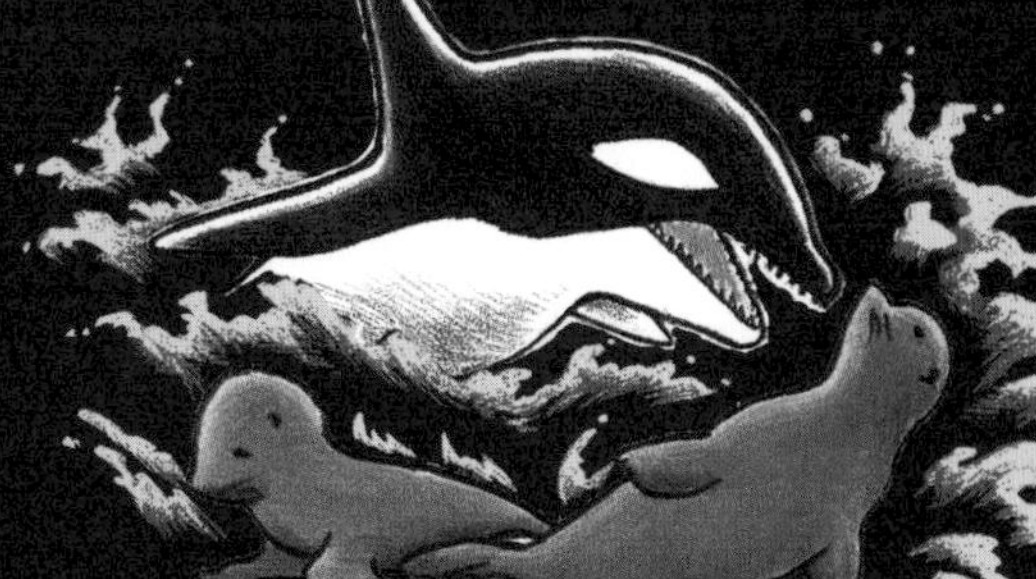

獲物めがけて猛スピードで突進する

ホホジロザメ

サメといえば獰猛な生き物のイメージが強いですが、その中でも特に攻撃性が高いのがホホジロザメです。映画「ジョーズ」のモデルにもなり、人を襲うこともあることから「人食いザメ」とも呼ばれています。周りの環境に適応する能力が高いため世界中の海に生息しています。

ホホジロザメは全長が約6ｍもあり、泳ぎが得意。運動能力が高く、体全体を水面から出してジャンプすることもできます。また、嗅覚がよく、何㎞も離れた場所から水の中に垂らした1滴の血の匂いにも反応すると言われています。

主な獲物は、アシカやオットセイ、イルカなどの海洋哺乳類。大型の魚やサメを食べることもありますが、食べ応えがある大型の哺乳類のほうが好物のようです。

狩りをするときは、海面の近くをゆっくりと泳ぎながら獲物を探します。サメは動物が発する磁力を感知する能力を持っているので、獲物探しは得意なのです。獲物を見つけて狙いを定めると、巨体をくねらせ獲物めがけて猛スピードで突進。そのスピードは時速70㎞にも及びます。**獲物に襲いかかるときは、勢い余って水面から飛び出してしまうことも**。その姿は迫力満点で、ジャンプの高さは3ｍになることもあります。

大きな口をあけて獲物をあごで捕らえると、縁が**ギザギザしたカミソリのような歯で噛みちぎります。そして一旦その場から退き、相手が出血多量で死ぬのを待ってからようやくお食事タイムです**。また、ホホジロザメの歯は何度抜け落ちても新しい歯が生え、少なくとも1年に一度は新しい歯に生え変わるので、常に鋭い歯を持っているのも強さの一つと言えるでしょう。

待ち伏せ状態から大ジャンプ!

普段はゆっくり泳ぎ、獲物を待ち伏せする習性があるホホジロザメ。体力を温存している分、獲物を襲うときのスピードと勢いはものすごい。

オニダルマオコゼ

岩にカモフラージュし一瞬で獲物をパクリ

浅い海に生息しているオニダルマオコゼは、魚でありながら魚らしからぬ特徴を多々持っています。まず、底生魚であり、浮袋がないため泳ぐのが苦手。移動するときは飛び跳ねるようにして体を動かします。また、定期的に脱皮をして、陸上でも24時間生きることができるという特性を持っています。

そして、オニダルマオコゼの最大の特徴といえば毒を持っていること。せびれとしりびれ、腹びれに毒棘があり、その毒性の強さは魚類最強とも言われるほどです。海の生き物はもちろん、人間も刺されたら数時間にわたって激痛を伴い、最悪の場合死に至ることもあると言われています。

見た目は名前の通りオニのよう。全身がこぶ状の突起やくぼみに覆われていて、色や形は岩と見分けがつかないほどそっくりです。その姿を活かして、サンゴ礁や岩棚など周辺の岩に擬態し、敵から身を守りながら獲物を狙います。

待ち伏せ型の捕食スタイルをとるオニダルマオコゼの獲物は、主に小魚や甲殻類。**岩影に身を潜め、獲物が近くを通りかかるのを待ち、射程圏内に入ってきたら一瞬で捕らえてひと飲みにしてしまいます。**獲物を捕らえて飲み込むまでは、わずか0・1秒ほど。泳ぎがヘタで普段ほとんど動かないオニダルマオコゼからは想像もできないスピードで、周りにいる魚も何が起こったのか気付かないうちにしとめます。

ちなみに、**猛毒を持つ魚ではありますが、毒を使って獲物を捕らえることはないといいます。**攻撃的な性格でもないので、毒を使うのは外敵から身を守るときだけ。背びれに圧力をかけられない限りは、毒を出すことはありません。

砂底にもぐって待ち伏せし一瞬で襲いかかる

岩間に隠れていることも多いが、海底の砂地に潜んで近くを通る獲物をじっと狙っていることもある。体をゆすりながら砂にもぐっていき、口と目だけを出して獲物を待ち伏せ。もちろん周囲の魚はオニダルマオコゼが隠れていることに気付かず、いつの間にか食べられてしまうのだ。

岩に擬態して獲物を狙う

オニダルマオコゼはカモフラージュの天才。岩に擬態し、気付かずに近づいた小魚や甲殻類を突然大きな口でパクリと捕食してしまう。

ジンベイザメ

巨体ながら小さな獲物を海水ごと丸のみ

ジンベイザメは、魚類の中の最大種。平べったい頭部と全身にある斑点模様が特徴で、全長は5～10m、最大で20mのものもいると言われています。獰猛なサメの仲間なのに、性格は非常におとなしく人を襲うことはありません。また、寿命が長く、130年以上生きられる個体もいると言われています。

とても大きい体をしているジンベイザメですが、獲物としているのは意外にもオキアミなどのプランクトンやイワシ、アジなどの小魚です。サンゴの産卵時期になると水面に漂っている卵を食べたり、植物や藻類を食べることも。獲物は小さくても食事量は多く、1日に約30kgの餌を食べると言われています。食事風景はダイナミックで、水面近くをゆっくりと回遊しながら獲物を探し、プランクトンやイワシの群れを見つけるとゆっくりと近づきます。そして、**大きな口を横に細長く開き、スポイトのように海水ごと飲み込んでしまうのです。**

飲み込んだプランクトンや小魚は、エラの奥にあるクシのような器官でキャッチ。海水はクシのすき間を通り抜け、エラの後ろにあるエラ穴という排水口から体外に排出されます。本来エラは呼吸をするために使われますが、ジンベイザメのエラの一つは食事用。すぐに排出されるので、海水でお腹がいっぱいになることはありません。

ジンベイザメは、海洋哺乳類のような大きな獲物を食べることはなく、アジやサバの大群を食べるときもすべて丸のみ。そのため、歯は退化し、マッチ棒くらいの大きさしかありません。小さな歯が約8000本以上もあると言われていますが、歯を使って食事をすることはありません。

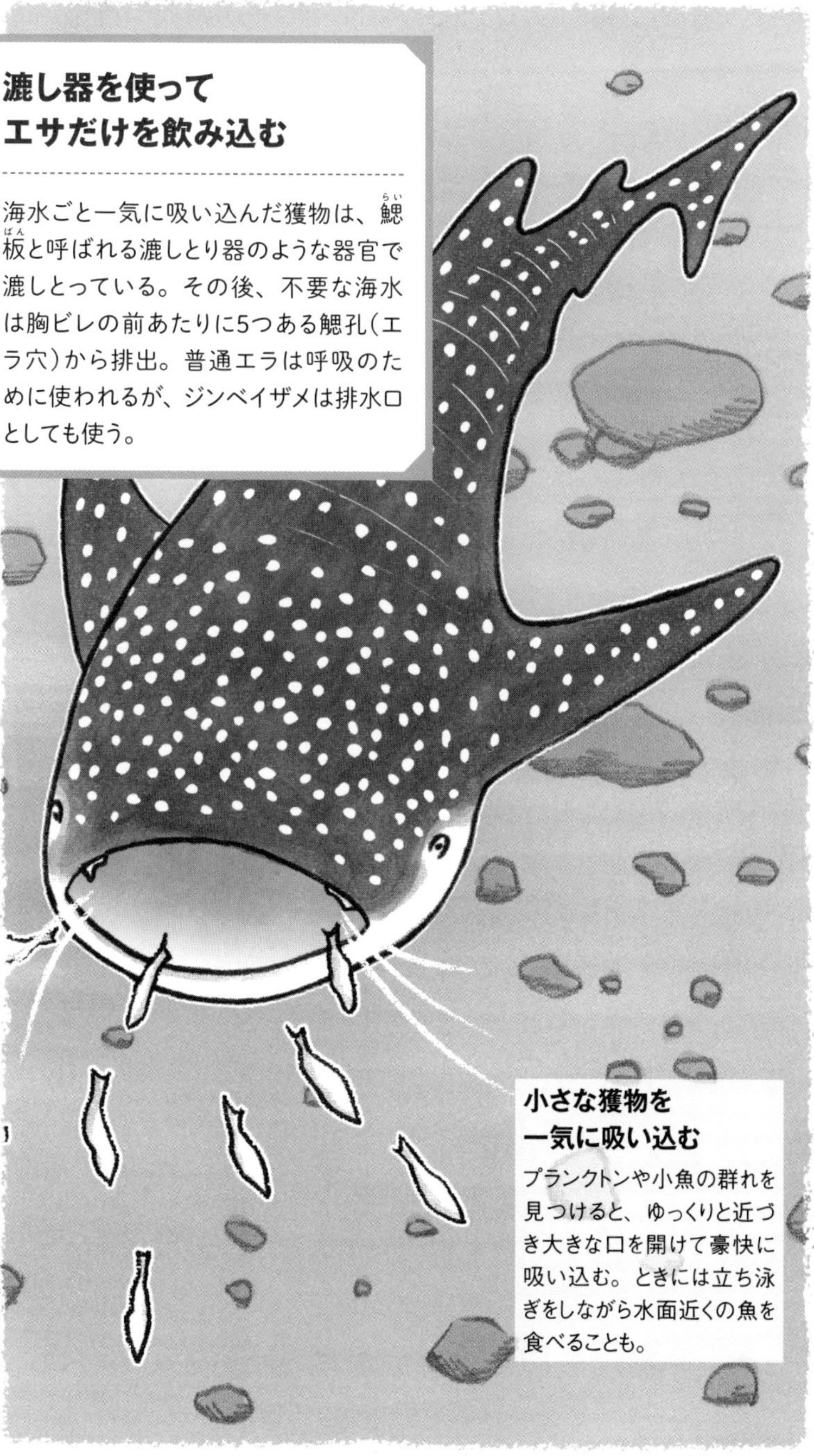

漉し器を使って
エサだけを飲み込む

海水ごと一気に吸い込んだ獲物は、鰓《らい》板《ばん》と呼ばれる漉しとり器のような器官で漉しとっている。その後、不要な海水は胸ビレの前あたりに5つある鰓孔（エラ穴）から排出。普通エラは呼吸のために使われるが、ジンベイザメは排水口としても使う。

小さな獲物を
一気に吸い込む

プランクトンや小魚の群れを見つけると、ゆっくりと近づき大きな口を開けて豪快に吸い込む。ときには立ち泳ぎをしながら水面近くの魚を食べることも。

バショウカジキ

長く尖った口吻で獲物を刺したり叩いてしとめる

バショウカジキは、バショウの葉に似た巨大な背びれと、つるぎのように長く伸びた口吻（上あごが伸びたもの）を持つ肉食の巨大魚。体長は3mまで大きくなり、カジキ類の中では最も沿岸近くまで来遊します。

胸びれが発達しているため泳ぐのが得意で、海の表層を最高時速110㎞の高速で泳ぎ回ります。そのスピードは魚類最速と言われるほど。

主食は、サバやイワシ、ニシンなどの魚やイカ。普段は単独行動を好むバショウカジキですが、群れで泳ぐ魚を獲物にすることが多いため、狩りになると仲間と協力して狙った魚群を追いこみます。大きな第1背びれをたたみ、持ち前のスピードで魚の群れに突進すると、背びれを広げて急旋回。急に立ちふさがった敵に魚の群れが驚いて混乱しているところを、口吻でたたいたり突き刺したりして捕食します。

しかし、魚の群れも危機を感じれば素速く逃げ回るため、捕まえるのに苦戦することも。そんなときは長く突った口吻で群れをかきまわし、はぐれた1匹を狙ってしとめます。急旋回するときのブレーキと獲物の進路をさえぎる役割を果たす背びれと、群れをかきまわして突き刺す口吻は、バショウカジキの大きな武器なのです。

さらに、バショウカジキは狩りの際、体色も変えます。普段は背面は藍色、腹面は白と目立たない体色をしていますが、狩りをして興奮すると虹色に変化。背びれはミッドナイトブルーに輝きます。これも目くらましの一つで、体色を変えることで獲物を惑わせることができるのです。また、その鮮やかさで一緒に狩りをしている仲間とぶつかるのを防いでいるのではとも言われています。

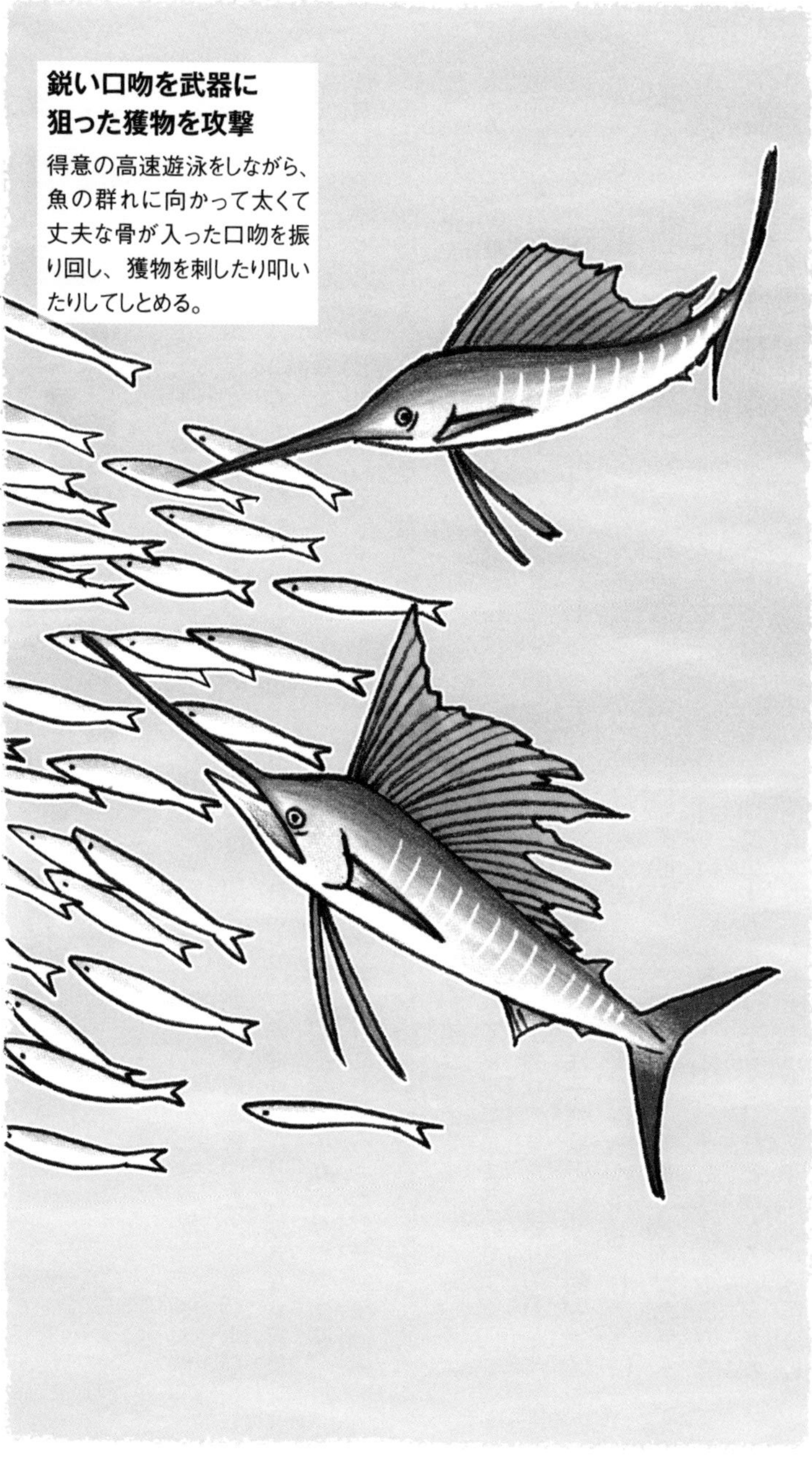
鋭い口吻を武器に
狙った獲物を攻撃
得意の高速遊泳をしながら、魚の群れに向かって太くて丈夫な骨が入った口吻を振り回し、獲物を刺したり叩いたりしてしとめる。

大きな口を開けて一気にかぶりつく

オオカミウオ

冷たい水を好み、主に北海道のオホーツク海の海底に生息しているオオカミウオ。体は細長い丸太のような形をしていて、体長は平均で１ｍ、大きいものでは２ｍ以上にもなります。そんな細い体に対して、頭は大きく皮膚はしわくちゃ。オオカミのような顔つきをしていていることからその名がついたと言われています。

　大きな口を開けると見える牙のような鋭い歯が特徴的で見た目はグロテスクでおそろしさを感じるほどですが、性格は用心深く、臆病でおとなしめです。まれに捕まえた人間に噛みつくこともありますが、攻撃しているわけではなく、餌と間違えているそう。

　夜行性のため、昼間は水深50~１００ｍほどの岩場に身を隠し、顔だけ出してじっとしています。日が沈むころになるとようやく活動を開始し、**獲物となるのは、ウニやカニなどの甲殻類、ホタテなどの貝類といった硬い殻を持った生き物**。尾びれをひらひらとなびかせゆったりと泳ぎながら獲物に近づき、大きな口を開けてかぶりつきます。

　相手がやや大きなカニであろうと、**硬い鋭い歯と強靭なアゴの力でいとも簡単に噛み砕いたり、すりつぶしてしまいます**。しかも、丸のみするような勢いで一瞬にして食べてしまうのです。

　捕食シーンは迫力があり、見た目通りのおそろしさも感じますが、実は子煩悩という一面も。メスが産卵すると、卵の塊を自分の体で囲むようにして孵化するまで守ります。そして、新鮮な海水が卵にいきわたるようにせっせと世話をするのです。孵化するまでは１００日ほどかかると言われているので、その間ずっと卵を守りながら暮らしているのです。愛情深い魚であると言えます。

豊漁をもたらすと言われる「神の魚」

アイヌの人々は、オオカミウオを「チップ・カムイ」と呼ぶ。アイヌ語でチップは魚、カムイは神様という意味。漁師の間では「オオカミウオがとれると豊漁になる」という言い伝えがあり、網にかかると供え物として酒を飲ませ海へ返していたという。

鋭く頑丈な歯で硬い獲物も噛み砕く

オオカミウオは、どんなものでも噛み砕く鋭い前歯と頑丈な奥歯の持ち主。ウニやカニ、貝など硬い殻を持った生き物でもバリバリと割って食べてしまう。

06

チョウチンアンコウ

頭の突起を光らせて獲物をおびき寄せる

平たい体と体表に点在した突起など、独特の特徴を持っているチョウチンアンコウ。頭部からのびる突起があり、この突起が発光バクテリアによって光り、まるでちょうちんのように見えるためその名がついたと言われています。この突起は背びれの一部が変化したもので、狩りの際にも役立ちます。

アンコウの狩りのスタイルは、**待ち伏せ型**。**砂泥や砂利に似た姿を活かして海底にもぐり、じっと身を潜めて獲物の小魚が来るのを待ちます**。アンコウは泳ぎが得意ではないため、待ち伏せしか手段がないのですが、そもそも海底には餌となる生き物がいつでもいるわけではありません。

そこで役立つのが、頭部の突起です。細くしなやかな突起をヒラヒラと揺らし、釣り竿代わりに獲物をおびき寄せます。突起は光るため、獲物となる小魚はそれに気付くとやや警戒するものの、自身も餌を求めているため、つい好奇心にかられて近づいてしまいます。**アンコウは突起をあやつりながら小魚を口元まで誘い、一瞬の隙をついて大きながま口で捕食するのです**。

アンコウの口の中には鋭い歯がぎっしりと並んでいて、後方に傾いています。これは噛みついた獲物を自動的に口の奥へと送るための仕組み。この歯があれば、たとえ相手が大きな獲物でも逃がすことはありません。

自分は動かず、相手をおびき寄せてひと口で捕食してしまうわけですから、アンコウは狩りでほとんど体力を消耗しません。中層以上まで浮上してサバやニシンなどの回遊魚をたべることもありますが、基本的にはエコな狩りのスタイルをとっています。

自分のちょうちんを
釣り竿代わりに使う
獲物を見つけると自慢のちょうちんを光らせてゆらゆらと動かし、その光や動きにおびきよせられた小魚やプランクトンを一瞬で捕らえる。

ちょうちんの光の源は共生するバクテリア

ちょうちんの先端にある膨らみの中心はバクテリアの培養室となっていて、そこで「発光バクテリア」を共生させている。培養室の上部には細い開口部があり、そこから発光物質を噴出するという仕組み。光ファイバーと似たような構造で、発光バクテリアの光を先端の発光器に届けているという。

大きな口をあけて獲物を飲み込む
オニイトマキエイ

オニイトマキエイは横幅が6m、体重が3tにもなる巨大なエイで、マンタとも呼ばれます。頭の横にあるヒレは、イトマキエイの仲間が持つ特有の器官。獲物を食べるときには伸ばし、それ以外はダラッとしていたり丸めたりと、自由に動かすことができます。時折大きくジャンプして水面から飛び出すこともありますが、何のために行っているかは分かっていません。生態についてはまだ謎が多く、それが魅力でもあります。

オニイトマキエイは大きな体と口を持っているものの、意外にも主食は小さな動物性プランクトンやオキアミのような小型のエビ。普段は大きな胸ビレを上下に動かしながらゆったりと回遊していますが、**プランクトンの集団を見つけたとたん、猛スピードで獲物目がけて突進していきます。**

そして、**同じ場所でクルクルと宙返りしたり、活発に泳ぎ回りながら海水ごとプランクトンを吸い込みます。**このとき、効率よく海水とプランクトンを流し込むために頭のヒレを利用します。ヒレを開いてバランスをとったり、丸めて水の抵抗を減らしたりしながら上手に捕食していくのです。ちなみに、ジンベイザメの食べ方と似ていますが、ジンベイザメはエイのように泳ぎ回ることはありません。

ひととおり吸い込んだら、体の下側にあるエラでプランクトンだけを漉しとり、エラ穴から海水を出します。水面近くのプランクトンを狙うこともあり、海面に顔を出して捕食する姿も見られています。オニイトマキエイが食べ残した餌は、周りに従えているコバンザメやブリモドキが食べています。おとなしく攻撃的な性格ではないため、子分たちも安心して食事ができるのでしょう。

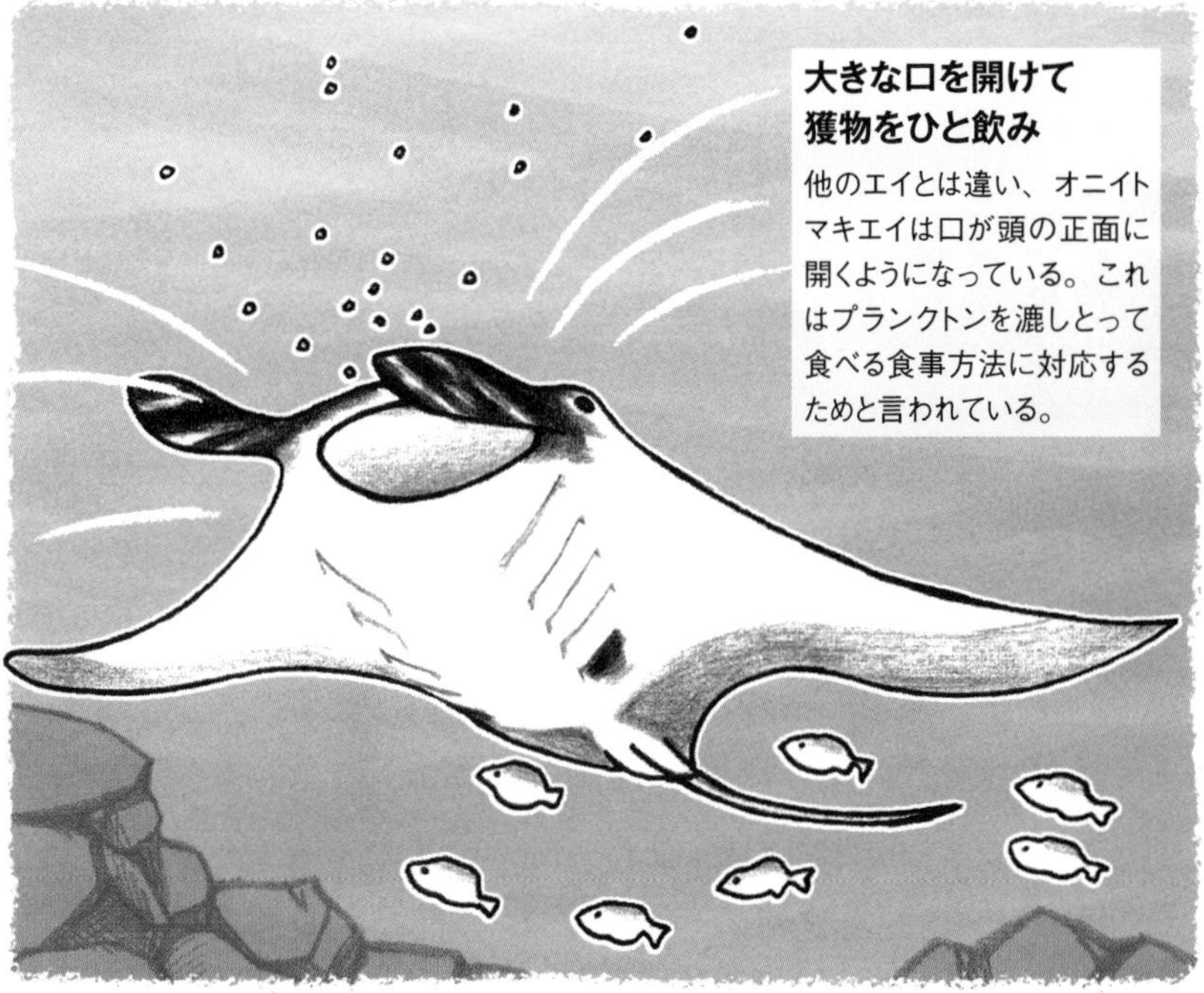

大きな口を開けて
獲物をひと飲み

他のエイとは違い、オニイトマキエイは口が頭の正面に開くようになっている。これはプランクトンを漉しとって食べる食事方法に対応するためと言われている。

後方宙返りをしながら食事をとる

オニイトマキエイの食事シーンはとてもアクロバティック。同じ場所で何度も後方宙返りをしながら大きな口を開け、海水とプランクトンの集団を豪快に吸い込んでいく。なぜ宙返りをするのか理由ははっきりと分かっておらず、近くにきたダイバーの気泡に反応して旋回行動をすることもあるという。

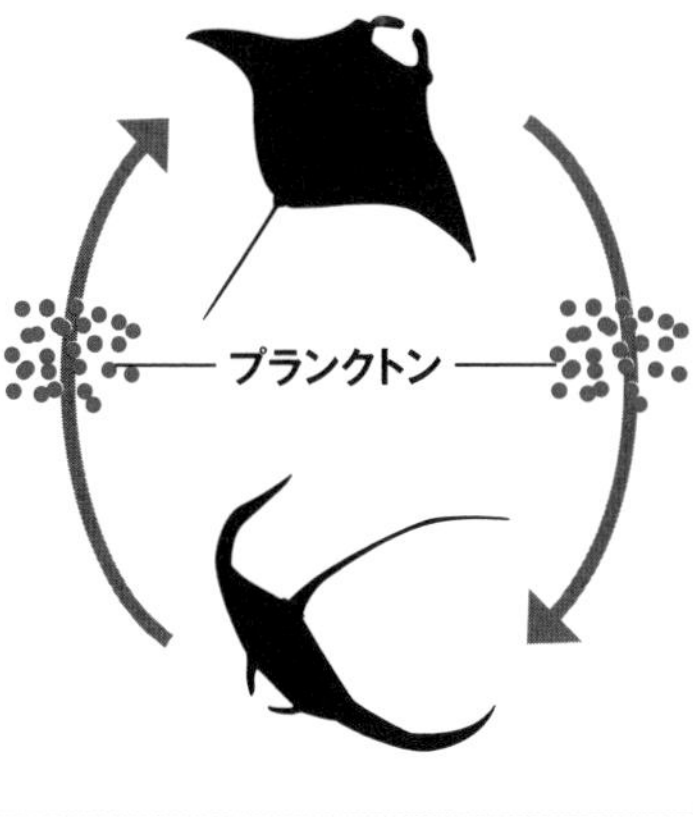

トラウツボ

獲物のにおいをたどって寝込みを襲う

ウツボは、鋭い歯と大きな口を持つ肉食の大型魚です。ウツボの仲間としては、性格が荒くて凶暴なワカウツボや、シガテラ毒を持ち人を襲うこともあるドクウツボなどがいます。

その中でも注目したいのがトラウツボです。オレンジや暗い赤の体色に、黄色や白のまだら模様が入った姿がトラの模様のように見えるというのが名前の由来。どちらかと言うと、ヒョウのような模様と言ったほうがいいかもしれませんが、いずれにせよ海の中では派手に見えてかえって目立ってしまいます。そのため、トラウツボが行う狩りの戦略は、**獲物が寝ているところを襲う**というものです。

ウツボの仲間は夜行性で、トラウツボも昼間は岩のすき間や穴の中で休んでいます。夜になると行動を開始して、獲物を探すのです。

狙うのは、魚、カニ、タコなど。ウツボの仲間は**嗅覚が優れていて、トラウツボは目の上に角のように突き出た2本の鼻孔という器官でにおいを察知します。**寝ている獲物の匂いを感じたら、気付かれないようにしのび寄るのです。**鋭い歯で噛みつき、獲物が大きい場合には体を回転させて相手の肉を引きちぎります。**

その鋭い歯を持つ口にも特徴があります。アゴが湾曲しているので完全に閉じることができず、いつも歯が見えた状態になっているのです。歯についた食べかすはアカシマシラヒゲエビというエビが食べてきれいにしてくれるので、清潔な状態が保たれています。肉食のトラウツボも、アカシマシラヒゲエビを食べることはありません。実はこちらから危害を与えなければ攻撃してこないという、おとなしい性格の持ち主でもあるのです。

喉にもう1つのアゴがある

トラウツボのアゴは湾曲していて、口をしっかりと閉じることができないが、うまくエサを食べる仕組みが口の中にある。のどの奥に咽頭顎《いんとうがく》と呼ばれる、もうひとつのアゴがあるのだ。アゴが獲物を捕らえると、咽頭顎が前に出てエサを奥の食道まで引き込むようになっている。

寝ている魚に襲いかかる

ウツボの仲間は夜行性で、トラウツボも夜に狩りを行う。獲物の魚が寝ているところにしのび寄って、食らいつくのだ。

シャチ

波打ちぎわに獲物を追い詰めて奇襲攻撃

海に棲む哺乳類のシャチは、海洋生態系の頂点に立っていると評価されています。つまり、**海で暮らす膨大な生き物の中で最強のポジションにいるのです。**英語では「キラーホエール（殺し屋クジラ）」と呼ばれるほど、シャチは獰猛で恐ろしい存在と言えます。

生物分類上ではシャチはクジラ目に分類されていてクジラの仲間に入りますが、巨大なクジラもシャチの獲物です。地球において最大の生き物であるシロナガスクジラですら、シャチから狩られてしまいます。海の強者と言えば、サメを思い浮かべる人も多いかと思いますが、映画『ジョーズ』のモデルになった、獰猛なホホジロザメですらシャチにとっては獲物でしかないのです。

全長6〜9mという大きな体、最速で時速80㎞とも言われる海洋哺乳類でナンバー1のスピードといった具合に、シャチは優れた身体能力を持っています。ですが、**海における最強ハンターの座にシャチが君臨する理由としては、その高い知能を挙げたいところです。**

仲間同士で狩りを行うときにも、その賢さが発揮されます。海に浮かぶ氷の上のアザラシを狙う場合には、氷の片側から波を起こしてアザラシを別のシャチが待つ反対側に追い込みます。こうした連携プレイは、賢いシャチならではです。

シャチの狩りとしては、波打ちぎわにいる動物を襲う「オルカアタック」も有名です（オルカとはシャチのこと）。水中に体を隠して波に乗って浜に突進して、浜のアシカやオットセイなどを捕らえて海に戻ります。**獲物からすると、突然シャチが出現するので逃げることができません。**まさに奇襲攻撃テクニックです。

海岸の獲物を
波と共に急襲

波打ち際の獲物を襲う「オルカアタック」。陸に乗り上げて海に戻れない危険性もあり、シャチにとってはリスクもある狩りの方法なのだ。

連携プレイで氷上の獲物を襲う

シャチの集団での狩りにおけるテクニックとしてユニークなのが、流氷の上のアザラシを狙うものだ。まず、氷の片側からシャチがアザラシに向かって波を起こす。その波に驚いたアザラシが反対側の海に逃げると、そこには別のシャチが待ち構えている。知能の高いシャチならではのチームプレイだ。

岩場に溶け込んで獲物を待ち伏せする

ヒョウアザラシ

ほとんどの海棲哺乳類は人間にとって無害な存在です。しかし、全長が約4mにまで成長することもあるヒョウアザラシは、**人間を襲って海に引きずり込んだこともあります**。南極に生息するため、人を襲うケースはほとんどないのですが、危険な動物であることは間違いありません。

以前は、排泄物の分析からヒョウアザラシの食物は大量のオキアミなのではないかと考えられていたこともありましたが、実際はオキアミ以外にペンギン、オットセイ、アザラシ、魚、イカなどをターゲットにした狩りを行っています。

ヒョウアザラシの狩りの方法は、個体によってさまざまです。海底の隙間に隠れた魚を狙うヒョウアザラシもいれば、水面に浮かんだ海鳥に海中から食らいつくヒョウアザラシもいます。

ヒョウアザラシのハンターとしてのテクニックが発揮されるのが、ペンギン狩りです。**灰色の体色のヒョウアザラシは岩場に溶け込むようにしてペンギンを待ち伏せします**。何も知らないペンギンが近づいたところで襲いかかるのです。

流線型の体をしていて素早く泳げるので、ヒョウアザラシは水中での狩りも得意です。陸上ではヨチヨチ歩くペンギンも水中では時速35㎞というスピードで機敏に泳ぎますが、そのペンギンですら逃げ切ることはできません。

ヒョウアザラシはしとめた獲物をその場で食べずに、隠しておくこともあります。捕まえた獲物を海面などで解体し、それを海底に隠しておいて、後で食べるのです。ヒョウアザラシ同士で獲物を奪い合っている様子も観察されているので、別のヒョウアザラシから取られないように獲物を隠しているのかもしれません。

ペンギンが素早く泳いでも捕まえる

ヒョウアザラシは、ペンギンが水中で俊敏に泳いでいても捕らえることができる。ペンギンが氷上から海に飛び込むところを待ち構えて襲うこともある。

海の生物ハンター

11

ラッコ

岩にこびりつく貝を石を使って引きはがす

ラッコと聞くと、海面にプカプカとあおむけで浮かんだ姿を思い浮かべる人も多いことでしょう。ラッコは一生のほとんどを陸沿いの浅い海で過ごします。睡眠時ですら、海流で流されないように海藻を体に巻いた状態で海面に浮いて寝ます。陸に上がるのは、出産のときと悪天候で海が大きく荒れたときぐらいなのです。

北の冷たい海で過ごすので、ラッコは体温を維持する必要があります。アシカやアザラシは厚い皮下脂肪を持っていますが、ラッコはわずかな皮下脂肪しか持っていません。そのため密度の高い毛皮とたくさんの食事で体温を保つのです。体重の20～25％もの量を毎日食べて、エネルギーを補給しています。

ラッコは肉食で、獲物は魚、イカ、貝、ウニ、カニなど。胸の上に石を置いて、貝をコツコツと打ち付けて殻を割ることで有名ですが、実は狩りのときにもラッコは石を使うのです。

アワビやトコブシは岩に強い力でぴったりと張り付いているため、人間でも道具を使わないとることができません。ラッコはここで石を使うのです。まず、**海底までもぐって手頃な大きさの石を拾います。その石を使って、貝殻の端のほうを打ち砕いて岩から引き剥がすのです。**

ラッコにはお気に入りの愛用の石があって、その石しか使わないという説もありますが、実際には、毎回そのときに見つけた石を使うようです。

道具を使う動物は少ししか存在せず、ラッコはその数少ない一種です。石だけでなく、ポケットまで使います。脇の下のだぶついた皮膚がポケットのようになっているので、そこに獲った獲物を入れて海上に戻るのです。

貝をとるときにも石を上手に使う

食事のときに石を使って貝を割るのは有名だが、実は石に張り付いた貝をとるときにも石を活用している。

食事中の回転は体温を保つため

海面に浮いての食事中に、ラッコが回転することがある。当然、全身が水に濡れるが、これは毛を清潔な状態に保つために行っている。毛が汚れると水をはじく撥水性が悪くなり、体温が低下してしまうので、それを避けているのだ。なお、回転するときは石が落ちないように前足で押さえている。

ザトウクジラ

狙っている魚の群れを気泡の網で閉じ込める

クジラが食べるのは、魚やイカ、オキアミ（エビに似た外見の甲殻類）などです。クジラが食べる魚やオキアミは小さいので、その巨体を維持するために大量に食べなければなりません。

シロナガスクジラの場合は、オキアミの群れに口を開いた状態で突入。膨大な量のオキアミを一気に飲み込み、海水だけを吐き出してオキアミを胃に収めます。巨大生物ならではのダイナミックな狩りですが、中にはもっと変わった独自の狩りを行うクジラがいます。

それがザトウクジラです。頭部にこぶ状の突起がある他、コミュニケーションのために歌を歌うことでも知られているザトウクジラは、狩りにも特徴があります。

狩りを行うザトウクジラのチームは、狙った魚の群れの周りを円を描いてらせん状に泳ぎます。その際に噴気孔（鼻の穴）から気泡を出すので、小魚たちは気泡の網で閉じ込められて逃げられなくなるのです。この状態を作ってから、ザトウクジラたちは獲物の真下から浮上します。口を開いて、海面に追い詰められた魚を一気に飲み込むのです。

泡の網を使って小魚たちを食べるので、この狩りは「バブルネットフィーディング」と言われています（「フィーディング」は、「食事を与える」「餌付け」という意味）。

バブルネットフィーディングを成功させるためには、仲間たちとのチームワークが不可欠です。タイミングを合わせるためにリーダーのクジラが声を上げて、それに合わせて仲間たちは行動します。仲間同士の協調性があるからこそ可能な、洗練された狩りと言えるでしょう。

泡を吐きながら螺旋を描く

狙った魚たちを中心に、ザトウクジラの群れは泡を吐いて螺旋を描きながら旋回する。魚たちは泡の網で追い詰められていく。ザトウクジラたちは大きく口を開いて一気に突っ込んでいく。

バンドウイルカ

超音波の反響で獲物の位置を正確に把握する

イルカの中でも一番よく知られた種類である、バンドウイルカ（「ハンドウイルカ」と呼ばれることもある）。知性が高く、音を使ったコミュニケーションを取ります。傷ついたり弱った仲間を助け出すなど、強い仲間意識を持っていることでも知られています。

その他の特徴として、エコロケーションという能力もあります。これは、日本語では反響定位と呼ばれるもので、音や超音波を出して、返ってきた反響から周囲の状況を知ることです。

バンドウイルカはクリック音と呼ばれる高周波音を、1秒間に1000回も出します。クリック音は体内の気道で出し、それを前頭部の脂肪が詰まったメロン部という器官で増幅して、体の外に発信。戻ってきた反響によって、クリック音がぶつかった対象の位置や大きさ、形状などをバンドウイルカは感知するのです。

クリック音をバンドウイルカは獲物の追跡に使います。獲物の種類や、自分との距離、どのぐらいのスピードで動いているかなどを知って正確に追いかけるのです。実験によって、イルカは獲物がボラかニシンかなのかまで識別することが可能だということが明らかになりました。

また、バンドウイルカの高い知能も狩りにおいて強い武器になります。チームワークを活かして、魚の群れを取り囲んで浅瀬まで追い込み、魚が浜辺に乗り上げたところを捕らえるのです。漁船の後を追って、漁師の残り物にありつくこともあります。ブラジルではイルカが漁師の網に魚の群れを追い込み、イルカは群れから離れた魚を捕まえるというケースすら知られています。こんなことができるのも賢いバンドウイルカだからです。

狙った魚たちを徹底的に追い込む

獲物を群れで追い込んでいく。逃げ場をなくした魚が浜辺に乗り上げてしまうこともある。動けなくなった魚は、当然、バンドウイルカの餌食だ。

コウモリヒトデ

胃袋を体の外に出して獲物を消化する

星型の姿で知られる棘皮動物ヒトデは肉食で、貝や死んだ魚などを食べます。星の尖った部分がヒトデの腕であり、その腕の下には管足という器官が並んでいます。この管足を使って、ゆっくりと海底を移動して、獲物を探すのです。

ヒトデの仲間には、トゲに強い毒を持つオニヒトデ、約30本もの腕を持つタコヒトデなどがいます。その中で、北アメリカ大陸の太平洋側沿岸に生息しているのが、コウモリヒトデです。

コウモリヒトデは日本にも生息しているイトマキヒトデの仲間で、浅瀬の岩場で暮らしています。食べるのはウニ、カニ、死んだ魚など。それらを見つけると上から覆いかぶさります。ヒトデが獲物を食べる方法には、獲物を口から胃の中に入れる普通のものと、胃を体の外に出して獲物を食べるものがあります。コウモリヒトデは後者のやり方で獲物を食べます。

まず、コウモリヒトデは腕を使って獲物を取り囲みます。**体の中心に口があり、そこから胃を出します。胃は反転した形で出るので、胃を獲物に押し付けて包み込み、胃壁が獲物にくっつく形となるのです。**胃からは消化液が出るので、獲物は消化されていきます。

胃を体の外に出す方法には、**「口に入らないような大きさのものでも食べられる」「岩のすきまや砂の中に隠れているものも食べられる」**というメリットがあります。このように普通の生物のように食べてから体内で消化して溶かすのではなく、体の外で獲物を消化して吸収する独特な捕食法がコウモリヒトデの特徴で、貝を食べるときには、貝殻の狭い隙間からでも胃袋を入れてしまいます。

海底をゆっくりと動いて獲物を探す

ヒトデは管足と呼ばれる器官を使って、ゆっくりと滑るように移動する。獲物を見つけると、上からすっぽりと覆いかぶさる。

ヒトデの体の不思議な仕組み

ヒトデはお腹の中心に口があり、背中側の中心には肛門がある。体内には胃袋や生殖巣などがあり、消化管は腕の中にも入り込んでいる。普段は体内にある胃を外に出して、獲物を体の外で消化吸収することもある。この場合、かなり大きなものでも食べることが可能で、1週間かけて消化することもある。

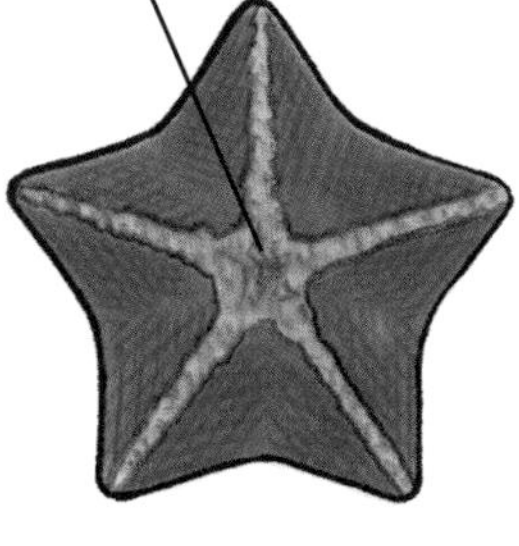

モンハナシャコ

時速80㎞の高速パンチで硬い貝殻を破壊する

シャコは、カニやエビと同じ甲殻類に属しています。そして、最強の甲殻類とも言われています。カニやエビのようなハサミを持たないシャコが、なぜ最強なのか、その理由はパンチにあります。シャコの一種の**モンハナシャコは高速で超強力なパンチを繰り出し、「海のボクサー」**として有名だからです。

前脚の中で一番大きなものを捕脚と呼びます。モンハナシャコのパンチは、この捕脚を叩きつける攻撃です。貝やエビの硬い殻も砕くことができて、中身を食べてしまいます。

水の抵抗がある水中でもそれだけの威力が出せて、水槽のガラスでも割ってしまうほどの力があります。そのパンチの衝撃で泡も発生します。これは、**銃弾並みの加速度のスピードによる水圧の変化で海水中に真空の気泡ができている**のです。

パンチの力は、ベンチプレスで70～80㎏を持ち上げるほどのもので、個体によっては150㎏のベンチプレスを持ち上げるのと同じパワーのパンチを出すモンハナシャコも存在します。

ここまでパンチと表現してきましたが、モンハナシャコがぶつけているのは捕脚のヒジの部分なので、ヒジ打ちと呼ぶほうが正確でしょう。そのヒジの部分は非常に硬いため、強烈なパンチを繰り出したときでもモンハナシャコのヒジが傷つくことはなく、貝殻などを砕くことができるのです。

パンチ力だけでなく、モンハナシャコは優れた視力も持っています。さまざまな色を識別でき、他の生物には見えない円偏光という光も識別できるのです。こうした**特殊な視力**によって、**モンハナシャコが獲物を見つけやすくなっている**と考える研究者もいます。

前脚で貝殻を粉砕する

モンハナシャコは貝、エビ、カニなどを食べる。どれも硬い殻を持つ獲物だが、モンハナシャコは打撃で殻をあっさりと破壊する。

パンチではなくヒジ打ち

シャコのいちばん前の脚である「捕脚」は獲物を捕らえるためのものだ。捕脚のトゲで獲物を突き刺すシャコと、捕脚で獲物を叩くシャコがいるが、モンハナシャコは後者だ。捕脚が太く、ヒジの部分が非常に硬いため、打撃のパワーが強烈になっている。貝殻も簡単に叩き割ることが可能だ。

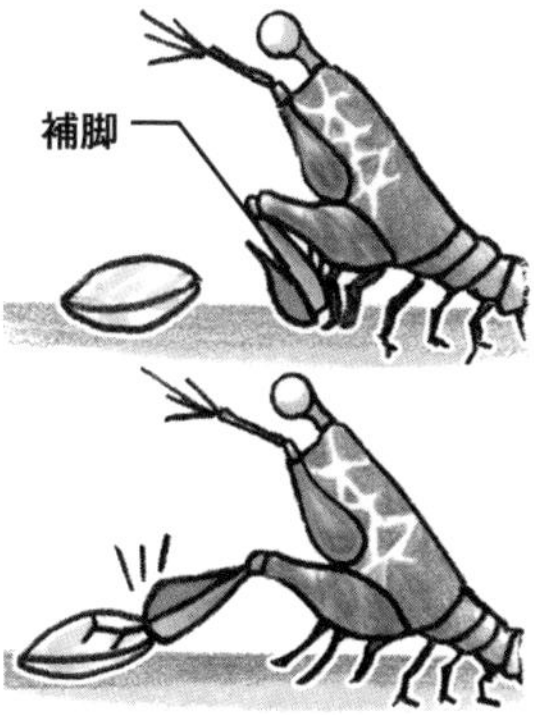

ヒョウモンダコ

フグと同じ猛毒で獲物を麻痺させる

タコの中でも危険な存在として知られているのが、ヒョウモンダコです。全長10㎝ほどの小さくて、性格もおとなしいタコですが、**テトロドトキシンという毒を持っています。**

テトロドトキシンはフグなどが持つ猛毒で、青酸カリの500～1000倍もの毒性があります。この猛毒によって人は麻痺やしびれを感じ、目まい、言語障害、嘔吐、呼吸困難、全身麻痺といった症状を起こします。海外では、ヒョウモンダコによって人が死亡したケースもあるのです。

ヒョウモンダコは唾液腺と体の表面に毒があり、身を守るのに役立つだけでなく、狩りをする際にも獲物を麻痺させることができます。**海水中に毒を含んだ唾液を吐き出して、その唾液を吸ってしまったカニなどを捕まえるのです。**

ヒョウモンダコは西太平洋の暖かい海に棲息し、日本では太平洋側なら房総半島より南、日本海側なら福井県より南の沿岸にいました。ですが、温暖化で海水温が上昇したことで分布域が北上。神奈川県や大阪府など、さまざまな場所の海で目撃されるようになりました。

前述したとおり、ヒョウモンダコは本来、おとなしい性質をしていて、自分から人間を攻撃することはありません。ですが、刺激を受けて興奮すると攻撃的になるので、非常に危険です。興奮したヒョウモンダコは、体の表面に鮮やかな青い斑点模様が浮かび上がります。そうした状態になったヒョウモンダコには、絶対に近づかないようにしましょう。

ヒョウモンダコ以外では、同じようにテトロドトキシンを持つオオマルモンダコもいるので、こちらも注意が必要です。

猛毒を使って獲物を捕らえる

ヒョウモンダコは猛毒を使って狩りを行う。毒を水中に吐き出して、カニなどの獲物の動きをにぶらせるのだ。

ヒョウモンダコに噛まれたときは？

ヒョウモンダコをつかむと、その手の上をはいまわって噛み付いてくるので、絶対に素手で触ってはいけない。噛まれてしまった場合は、傷口を指先でつまんで毒を外に押し出す（口で吸い出すのは危険）。傷と心臓の間を圧迫して毒が全身に広がらないようにする。安静にした上で病院に行くこと。

Column 3

深海に棲む不気味なハンター

冷たく暗い深海にも、強くて恐ろしい生き物たちが存在します。特に不気味な、悪魔のような姿をした深海生物のハンターたちを紹介します。

①ホウライエソ

深海のギャングとも呼ばれ、鋭く長い牙が並ぶ口を大きく開き、小魚などの獲物を確実にしとめる。世界中の熱帯から温帯地域に生息する。

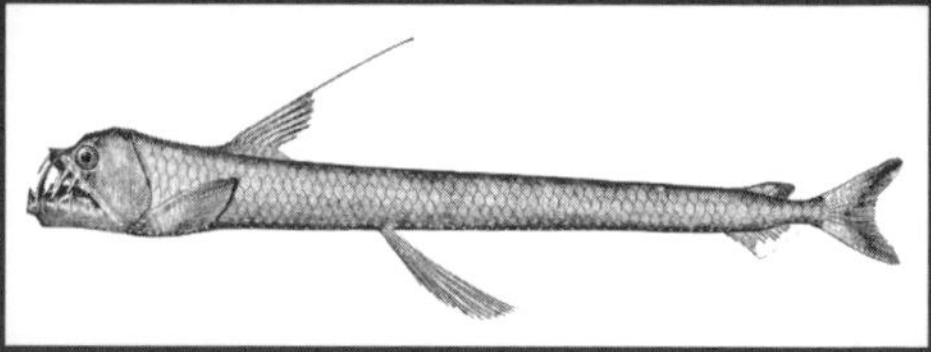

②ラブカ

サメの一種で、原始的なサメとして「生きた化石」とも呼ばれる。全長2mに達し、大きな頭部と300本もある鋭い歯が特徴的。体をヘビのようにくねらせながら大きな獲物に食らいつく。

③オニボウズギス

深海約3000mもの深さに生息し、大きく飛び出た胃袋が特徴的。自分よりも数倍もある獲物を飲み込み、獲物の姿が透けた胃袋から見えるのが不気味だ。無理やり胃に収め破裂して死亡するケースもあるという。

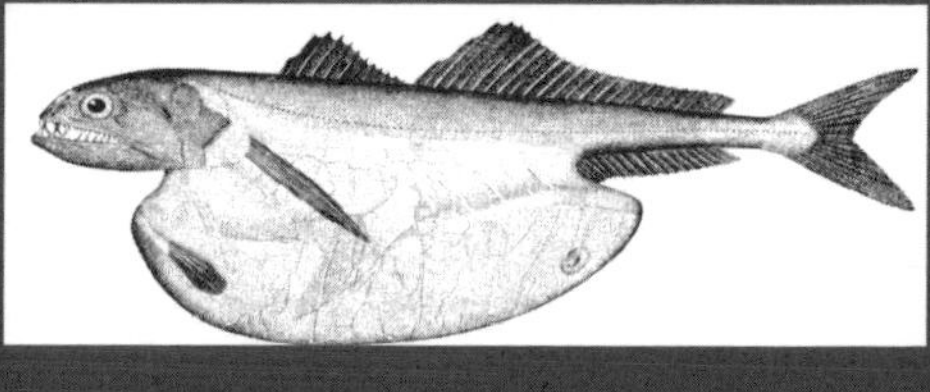

第4章

川の生物

川には魚類の他にも、ワニなどの爬虫類や、魚を食べる哺乳類、昆虫などあらゆる生物たちがいます。攻撃力が高いものから特殊な武器を持つものまで、それぞれの狩りの様子を見ていきましょう。

01

地球上で最強の噛む力で獲物を引きずり込む

ナイルワニ

人が襲われる事故も多数発生していて、非常に危険な肉食動物がナイルワニです。その名前のとおり、ナイル川などの河川や湖といった淡水、そして河口などの汽水域に生息しています。水辺の生活に適応した半水棲の爬虫類であり、大型の個体なら1時間近く潜水することも可能です。また、**鼻と目が頭部の高い位置にあるので、体をほぼ水面下に沈めていても、視界と呼吸には問題が生じません。**潜水する能力がありながら、完全に水に沈まなくても獲物からは気付かれる可能性が少ないのです。

この特性を利用して、**ナイルワニは水の中で獲物が水を飲みにやってくるのを待ち伏せします。**ナイルワニが獲物を襲うタイミングは、相手が水辺にやってきたときではありません。獲物が複数なら、水辺にいる獲物たちをじっと観察して不注意な個体、動きが鈍い個体などを選び、相手が少しでも自分に近づいた瞬間に突然、水の中から目にも止まらぬスピードで現われて相手を襲うのです。ナイルワニは俊敏に動くことができるので、獲物には逃げるチャンスはありません。

ナイルワニの噛む力は、地球上で最強とも言われています。その力は2トン以上。肉にしっかりと食らいつき、骨も噛み砕きます。なお、仮にナイルワニの鋭い歯が折れてしまっても、時間が経てば生え変わるので問題ありません。ワニは一生の間に歯が何度も生えてくる生き物なのです。

強力な力で捕らえられると体重の重い大型動物でも、水中に引きずり込まれます。水の中で体を横にされた獲物はあっと言う間におぼれて、わずかな間に窒息しナイルワニの獲物となってしまうのです。

相手の肉を引き裂く必殺技デスロール

獲物が大きい場合、ナイルワニなどのワニは「デスロール」という必殺技を使う（「ワニのツイスト」と呼ばれることもある）。これは相手に噛み付いた状態で勢いよく体を回転させるもので、すさまじい力で相手の肉は引き裂かれていく。デスロールは狩りだけでなく、ワニ同士のケンカでも使われる。

哺乳類、鳥、魚が狩りのターゲット

水を飲みに来たガゼルを襲う。こうした哺乳類の他、鳥や魚がナイルワニの獲物となる。大型の獲物の場合、群れで協力して狩りを行ってしとめることもある。

ワニガメ

ミミズのような舌の突起で獲物をおびき寄せる

北アメリカの南部に生息するワニガメ。大きいものなら甲羅の長さは80㎝、体重は100㎏を超える大型のカメです。

甲羅には鋭く尖った突起がたくさんあり、まるで怪獣のような見た目。噛む力にもすさまじいものがあり、まさに怪獣のような生き物です。ワニガメには歯はなく、カギ爪のように尖ったくちばしで物を噛み切ります。**強いアゴの力と鋭いくちばしで、硬いものでもバキバキと噛んで割ってしまうのです。**

この噛む力によってワニガメは獲物に食らいつきますが、その狩りの仕方は非常に独特です。舌の上に、小さなミミズのような突起があります。血液が集まると突起の色はピンクになり、舌の筋肉によってクネクネと動くので**本物のミミズそっくりに見えます。ピンクの突起は遠くからでも見えて、魚などがおびき寄せられるのです。**

同じような狩りをする生き物として、頭についた突起を釣りのルアーのように使って獲物を待つアンコウがいます。ただし、獲物が近づいてきたら口を開いて海水ごと獲物を吸い込むアンコウと違って、ワニガメのルアーは口の中にあるので、獲物が寄ってきたら口を閉じればいいだけです。アンコウの狩りよりも、ワニガメの狩りはずっと効率がいいと言えるでしょう。

なお、本来はアメリカ大陸に棲息しているワニガメですが、日本国内の池や川などでも目撃されています。ペットで飼われていたものが逃げ出したり、捨てられたりして、そのまま棲みついてしまったのです。ここまで紹介したように、噛みつかれるとケガをしてしまいます。不用意に近づかないようにしてください。

ワニガメの舌には
“ルアー”がある
ミミズのように見える舌の突起を動かして、魚などをおびき寄せる。小さな獲物ならそのまま飲み込み、大きな獲物ならクチバシや前足の爪で引き裂く。

他のカメを甲羅ごと噛み砕く

ワニガメの噛む力を数値にすると300〜500kgと言われている。この強力なパワーによって、ワニガメの硬いクチバシは鋭利なハサミのように獲物を噛み切るのだ。別のカメの甲羅を噛み砕いて食べてしまった事例もあるので、人間の指ぐらいなら数本まとめて簡単に食いちぎってしまうだろう。

オオカワウソ

ヒゲやひじの毛で獲物の振動を感じ取る

南極大陸、オーストラリア、ニュージーランドをのぞいて世界中の様々な場所にいるカワウソ。カワウソの仲間の中で体長86～140㎝と最も大きいオオカワウソは、南米のアマゾンなどに棲息しています。

肉食のオオカワウソが捕食するのは、魚やカニなど。川岸の巣穴で暮らすオオカワウソは、水中で獲物を捕らえます。その狩りでオオカワウソを助けるのは、優れた視力と長いヒゲ。オオカワウソを含めてカワウソのヒゲは、水中でセンサーのような役割を果たします。泳いでいる際にヒゲで水流を感じ取り、獲物が起こす振動も敏感にキャッチするのです。また、カワウソはひじにも触毛という長い毛が生えていて、これも顔のヒゲと同じように水中でセンサーの役割を果たし獲物を感知しています。

オオカワウソの主な獲物は魚やカニですが、実はそれ以外の動物も食べます。アマゾンのジャングルと言えばワニも棲息していますが、オオカワウソは家族で協力してワニを倒して食べることすらあるのです。

アマゾンのジャングルの強者と聞くと、ジャガーを連想する人もいるかもしれませんが、実はジャガーとオオカワウソは好敵手と言ってもいい関係です。オオカワウソがジャガーを追い払うこともあれば、反対にジャガーがオオカワウソを殺したケースも確認されています。少なくとも、オオカワウソは水中ならば、ジャガーよりもはるかに速いのでジャガーに負けることはないでしょう。オオカワウソは「川のオオカミ」とも呼ばれ、強豪がひしめくアマゾン川の生態系のトップに立っているのです。

川が濁っていても魚の位置を把握

アマゾン川のピラニアも、オオカワウソの獲物。川が濁っていても、ヒゲのセンサーを使うことでピラニアの位置を正確に把握して捕食する。

獲物を押さえつけてむさぼり食う

オオカワウソの武器の一つが、鋭い爪だ。前足の爪を使って、すべりやすい魚もしっかりと押さえつけることができる。カワウソは、獲物を口で捕まえるタイプと手で捕まえるタイプに分かれるが、オオカワウソは口で捕まえる。捕まえた獲物は、水底にヒジをつけて前足で押さえつけて頭から食べるのだ。

カモノハシ

クチバシで獲物の微弱な電流を感じ取る

「地球上で最も奇妙な動物」とも評される、珍獣中の珍獣がカモノハシです。水かきのついた足とアヒルやカモのようなくちばし、ビーバーのような大きな尾が特徴的で、まるで別の動物をつなぎ合わせたような姿をしています。昔の研究者たちは初めてカモノハシの標本を見たとき、偽造ではないかと疑い実在しないと思ったそうです。

カモノハシはオーストラリアの川や湖に生息し、岸辺にトンネルを掘って巣穴を作ります。夜から早朝にかけて活動し始め、前足で水をかき、後ろ足のような尾を振りながら泳ぎます。**狩りをするときは水中にもぐり、川底にいる昆虫や、エビやザリガニ、貝、ミミズなどくちばしですくいあげます。**食べ方も独特で、カモノハシは水面に上がり、くちばしは水に入れたまま少し噛んで飲み込みます。

こうした独特な生態を持つカモノハシは、長い間謎が多い動物として注目されてきました。視界が悪い水中でどうやって獲物を見つけて捕まえているのか分かっていなかったのです。狩りの秘密が判明したのは、1986年のこと。研究者がカモノハシの水槽に乾電池を落とし、異常に興味を示したことから、**カモノハシのクチバシには電気を感じ取る器官があることが分かったのです。**

その器官によって、カモノハシは**獲物であるエビや昆虫の幼虫などの電流（生物が筋肉を動かす際に体に流れる微弱な電流）を感じ取り、位置を探ります。**そのセンサーは、数十㎝離れていても微弱な電気を感知するほど高性能なのです。

見た目も生態も他の生き物とはまったく異なる特徴をもつカモノハシ。狩りの仕方もまた独特で奇妙な動物です。

視界が悪い水中で獲物の位置を把握

クチバシに高性能な電気センサー的な器官があり、生物の体内のわずかな電流を感じ取る。暗い水中でも獲物の位置を正確に把握できるのだ。

オスだけが後ろ足のかかとに毒針を持つ

カモノハシの特徴として、「毒を持つ」というものもある。カモノハシは後ろ足のかかと部分に小さな蹴爪が生えているが、オスだけがそこから毒を分泌するのだ。繁殖期にメスを奪い合う際に使うと考えられている。1回の毒で犬ぐらいの大きさの動物を殺すことができる。

テッポウウオ

口から発射する水鉄砲で虫を水面に落とす

テッポウウオは、スリランカ、インド、東南アジア、オーストラリア北部に棲息している魚です。主にマングローブ林の汽水域で活動しています。日本語での名前はテッポウウオですが、英語での名前はアーチャーフィッシュ（弓使いの魚）で、どちらも飛び道具が名前の由来。実際にテッポウウオは飛び道具を使いこなします。

その飛び道具は、口から水鉄砲のように噴射する水です。成長した個体なら1・5m離れていても命中します。木の枝や葉に止まっている虫を狙って水を発射し、当たって水面に落ちた虫がもがいているところを食べてしまうのです。

では、水鉄砲の仕組みはどのようになっているのかというと、テッポウウオは獲物を見つけると、一定量の水を吸い込んで、口から勢いよく発射します。口腔の上面には射水溝という溝があり、この溝がテッポウウオの水鉄砲に威力と正確さをもたらしているのです。

射水溝は口の奥では幅が広く、出口に近いほど狭くなっています。つまり、水は細くなって力強く噴射される仕組みになっているのです。

また、狙いの正確さということで言えば、テッポウウオは1発を正確に当てるというタイプのスナイパーではありません。テッポウウオはターゲットのほとんど真下まで移動してから水鉄砲を発射しますが、むしろ何発も乱射するタイプです。**何発も水鉄砲を撃つ中で、狙いを調整して獲物に当てているのです。**

また、絶対に水鉄砲を使うというこだわりがあるわけでもありません。獲物と自分の間の距離が数cmぐらいの場合には、水面からジャンプして直接口で獲物を捕まえるのです。

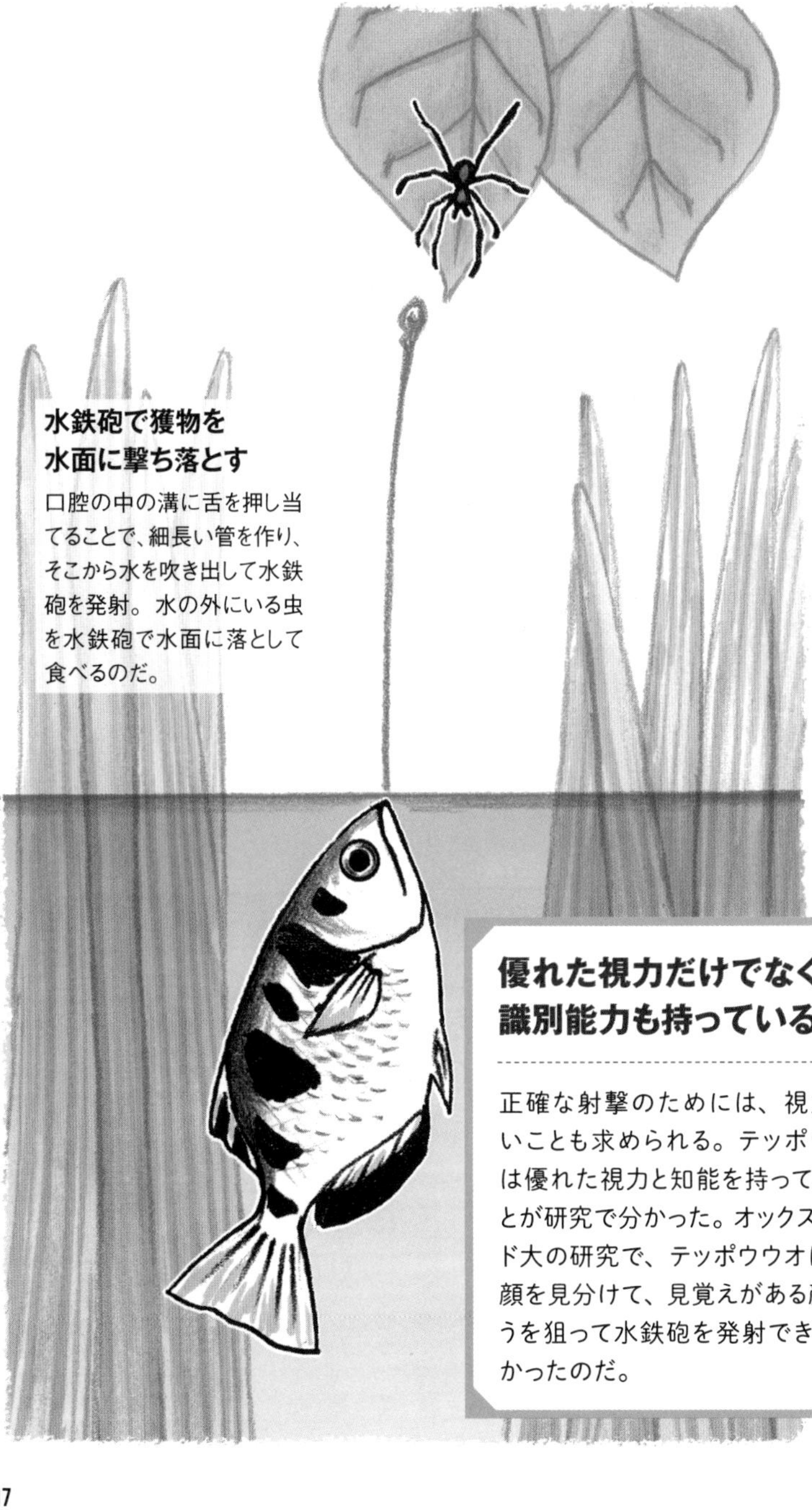

水鉄砲で獲物を水面に撃ち落とす

口腔の中の溝に舌を押し当てることで、細長い管を作り、そこから水を吹き出して水鉄砲を発射。水の外にいる虫を水鉄砲で水面に落として食べるのだ。

優れた視力だけでなく識別能力も持っている

正確な射撃のためには、視力がよいことも求められる。テッポウウオは優れた視力と知能を持っていることが研究で分かった。オックスフォード大の研究で、テッポウウオは人の顔を見分けて、見覚えがある顔のほうを狙って水鉄砲を発射できると分かったのだ。

ピラニア

血の匂いで凶暴化して獲物を群れでむさぼる

アマゾン川に棲む、獰猛な魚として有名なピラニア。ピラニアはもちろん危険な魚ですが、あなたが川に入ってそばにピラニアがいたとしても1匹だけならあまり心配する必要はないでしょう。ピラニアが恐ろしさを発揮するのは群れで行動しているときです。

実はピラニアは臆病な性質をしています。そして、臆病だからこそ群れで行動するのです。集団となったピラニアは自分たちより大きな動物もターゲットにします。

ピラニアは興奮状態にあるときが最も危険です。ピラニアを興奮させるのは血です。群れの最初の一匹が獲物に食らいついて、血が流れたとき、群れのピラニアたちは狂乱状態になって、激しく獲物を襲い始めるのです。約45kgのカピバラという、自分たちよりはるかに大きい獲物を1分足らずで骨だけにしてしまったこともあります。

ピラニアが血に敏感なのは、水中のわずかな血の匂いでも感じ取れるからです。鼻の穴に入った水は、嗅覚繊維から出来ている器官にぶつかってから流れ出ていきます。そこには精密な感覚細胞が並んでいるので、ピラニアは水の中に溶け込んだ血の匂いを逃さないのです。また、血の匂いだけでなく生き物の体臭にも反応します。

頭部の皮膚は分厚くなっています。これは獲物に食らいつく際に、頭から激しくぶつかっていくので、その衝撃から頭を守るためです。

ピラニアと名前についた魚は何種類かいますが、その中で一番メジャーな存在がピラニアナッテリーです。日本国内でもペットとして飼われることが多いのですが、水槽に手を入れる際には注意が必要です。

単独で行動せず
集団で獲物を襲う

実は臆病な性質をしているピラニア。臆病だから単独行動はせず、群れで行動し、獲物に集団で襲いかかる。

下アゴに鋭い三角の歯が並ぶ

ピラニアという名前は、「歯のある魚」という意味である。まるでノコギリのように鋭い三角形の歯が、ピラニアにとって最大の武器だ。ピラニアは下アゴが突き出た受け口が特徴的だが、下アゴのほうに尖った歯が並んでいる。アゴの筋肉も強力で、ひと噛みで約20g の肉をちぎりとるのだ。

デンキウナギ

電気で獲物を見つけたら電気ショックで捕獲

アマゾン川などの南米の淡水に棲息するデンキウナギ。その名前のとおり、電気を起こす能力を持っています。なお、ウナギと付いていますが、分類学上ではウナギとはまったく別の種類です。

現地の漁師は「ピラニアよりもずっと怖いのがデンキウナギだ」と語るそうです。ピラニアが人を襲ってくることはほとんどありませんが、デンキウナギはうっかり踏みつけてしまうと、強力な電撃を食らってしまいます。デンキウナギを踏んだ馬が電気ショックで溺れ死んでしまったこともあり、非常に危険な存在なのです。

では、その電気をどうやって生み出しているのかというと、デンキウナギの体長は1～1・5m。顔のすぐ下に肛門があり、体の前方の2割ぐらいにすべての内臓が収納されています。そして残りの8割は尾で、この尾の筋肉を使って発電するのです。言ってみれば、体のほとんどがバッテリーパックのようなものと言えるでしょう。

発生する電気の電圧は約800ボルト。テレビを見るときの電気が100ボルトなので、その8倍にもあたる強さです。デンキウナギはその電気を、自分の身を守るために使います。デンキウナギを食べようとしたカイマンワニを感電死させたケースもあるのです。

狩りのときにも電気を活用します。狩りでは、まず**20ボルトぐらいの弱い電気を出して、獲物となる小魚の場所を探ります**。南米のアマゾン川やオリノコ川の水は濁っていてデンキウナギの目も退化しているので、視力に頼らず、電気をレーダーのように使うのです。獲物を発見したら、**強い電気で電気ショックを与えて獲物を動けなくしてから捕食します**。

水中の獲物に電気ショック

デンキウナギは濁った水中で暮らすので、視力が弱い。弱い電気を出して獲物や障害物の場所をさぐり、獲物が見つかったら強い電気で相手を動けなくして捕まえるのだ。

電池の直列つなぎのように発電

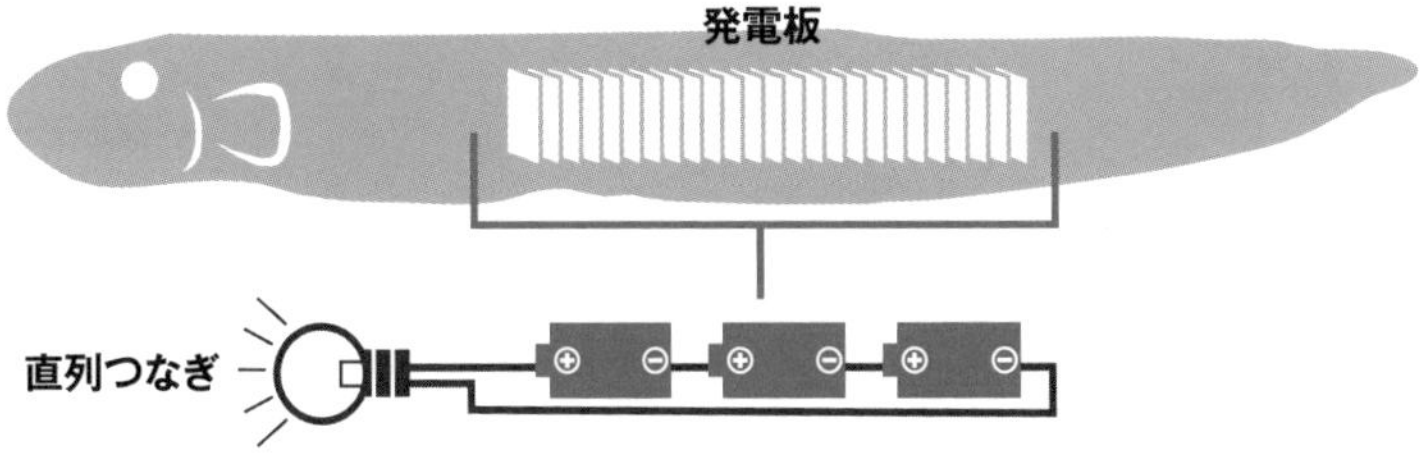

生き物は筋肉を動かすと微弱な電気を発するが、デンキウナギも筋肉細胞が変化した発電器を持っている。発電器の中には小さな発電板がたくさん集まっていて、電池が直列でつながったような形になっている。実際の電池が並列より直列のほうが強いのと同じように、デンキウナギも高い電圧を起こすのだ。

川の生物ハンター

08

目の前に現れた生き物は水ごとなんでも吸い込む

オオサンショウウオ

東アジアと北アメリカに分布するオオサンショウウオ。日本に棲息するのがオオサンショウウオで、中国に棲息するのがチュウゴクオオサンショウウオ、北アメリカに棲息するのがアメリカオオサンショウウオ（ヘルベンダー）です。

日本に棲息するオオサンショウウオは天然記念物であり、絶滅危惧種でもあります。オオサンショウウオとチュウゴクオオサンショウウオの交雑が問題になることもありますが、チュウゴクオオサンショウウオも国際的に見ると絶滅危惧種です。

オオサンショウウオは世界最大の両生類で、チュウゴクオオサンショウウオは体長150cm、体重45kgにまで成長します。日本のオオサンショウウオでも体長131・5cm、体重25kgを記録した個体がいます。長生きという特徴もあり、70年以上生きた個体もいると言われています。

オオサンショウウオは肉食で、カニ、カエル、魚などを食べます。その狩りは待ち伏せのスタイルです。オオサンショウウオの体色は棲んでいる川床の石とそっくりで、保護色となっています。オオサンショウウオを狙う鳥が上空からその姿を見つけるのは至難の業ですが、**オオサンショウウオから狙われる獲物たちにとってもオオサンショウウオの姿を見つけるのは難しい**ことでしょう。

獲物がオオサンショウウオに気付かず、口の前まで来ると、オオサンショウウオは口を全開にします。すると、**口の前の水ごと獲物はオオサンショウウオに吸い込まれていく**のです。

視力がよくないオオサンショウウオは、目の前で動くものには何でも食らいつきます。魚だけでなく、カメ、ヘビ、モグラ、そしてオオサンショウウオの子供まで食べることがあるのです。

ハンザキと異名をとる大口の持ち主

オオサンショウウオは「ハンザキ」とも呼ばれる。その由来には諸説あるが、顔が裂けているように見えるほど口が大きく開くから、という説もある。大口で獲物に食らいつくのだ。

タガメ

消化液で相手を溶かしジュースにしてから吸う

肉食動物の獲物となることが多い昆虫ですが、逆に両生類、爬虫類、魚類などを捕食する昆虫もわずかながら存在します。日本の水生昆虫としては最大級の大きさを誇るタガメが、その貴重な存在です。

タガメは水田や用水路などに棲み、「田んぼの王者」「田んぼのハンター」とも言われます。タガメの獲物となるのは、ヤゴ、ドジョウ、フナ、カエル、オタマジャクシなど。時には、自分の倍ほどの大きさの獲物を捕らえるのです。

タガメが大物の獲物でも捕食できるのは、強力な武器を持っているからです。一つ目の武器は、大きく力強い前脚。**カマのような形の前脚の先端には鋭い爪があり、捕らえられると、大きなカエルですら逃げられません。**二つ目の武器は、消化液。タガメは前脚で獲物を押さえ込むと、**針のような口吻を相手に突き刺します。**そして口吻から**消化液と麻痺毒を流し込むのです。**麻痺毒によって相手は麻痺して動けなくなります。そして消化液はタンパク質分解酵素を含んでいるので、獲物の肉体を溶かします。タガメは、**獲物の肉体を溶かして、まるでジュースのように口吻から吸っていくのです。**

ハンターとしてのタガメは、待ち伏せ戦法を得意とします。稲や草に頭を下にした状態でつかまって獲物がやってくるのを待ち、その際には尻についた呼吸管を水面から出して空気を吸います。シュノーケルを使っているようなものですから、いつまででも獲物を待てるのです。しかも、泥や石に隠れたり、水草や落ち葉に似せた擬態までするテクニックも持っているのですから、最強の水生昆虫と言っていいでしょう。

水で暮らすタガメも空を飛ぶことがある

水の中を泳ぐタガメだが、空を飛ぶこともあり、繁殖期にはオスもメスも頻繁に飛行して移動する。日中に飛んでいる姿を目撃されたことがないため、夜間しか飛ばないと考えられている。エサや繁殖相手を求めたり、冬眠前後に生息地や越冬場所を探すために飛行して移行するのだ。

大きなカマで捕らえて針のような口吻を刺す

水草の陰で待ち伏せし、目の前を通るカエルや魚などに飛びかかり、前脚のカマでがっちりと捕らえる。その後針のような口吻を突き刺し、消化液を流し込みドロドロに溶かしてから吸う。

Column 4

個性豊かで面白い ユニークなハンターたち

多くの生き物たちは、生活する環境に合わせ、さまざまな狩りを行っています。その中でも少し独特で面白い方法で獲物を捕らえる生き物を紹介します。

①アカギツネ

北半球に広く生息するアカギツネは聴力が高く、獲物が雪の下に隠れていても、音だけで探し当てることができる。獲物を見つけると狙いを定め垂直にジャンプし、頭から真っ逆さまにダイビング。雪に突き刺さった姿はなんともユニークだ。

②ハシビロコウ

ゆったりとした動きで「動かない鳥」として知られるハシビロコウは、待ち伏せ型の狩りを行い、獲物の魚が水面に上がってくるまでひたすらに待ち続ける。捕らえるときは一気に襲いかかり、大きなクチバシで挟み丸飲みする。

③イッカク

「海のユニコーン」とも呼ばれるイッカクは、クジラの仲間で、一本の長い角が頭から伸びた不思議な見た目をしている。この角は牙が長く伸びたもので、オスにしかない。オスはこの牙で魚を叩いて気絶させ食べたり、オス同士の戦いに使われると考えられている。